I AM 1936

山崎育三郎

1986's
Entertainment
Show
PULLMAN

TOKYO TAKESHIBA

はじめに

　2017年から始まったニッポン放送『山崎育三郎のＩ ＡＭ 1936』が、ついに番組本となり、一つの形として残ることを光栄に思います。特にこの5年は、ジャンルを超えたエンターテインメントに携わるようになり、刺激的な日々を凄まじい勢いで駆け抜けてきました。この期間の1年1年は、想像もつかない変化があり、ラジオは「今」の自分自身と向き合える大切な場所となっていました。そしてなんといっても、『Ｉ ＡＭ 1936』で出会ったジャンルを超えた素晴らしい表現者のみなさん。そのご縁がエンターテインメントとなった夢のステージ「ＴＨＩＳ ＩＳ ＩＫＵ」が第1回から振り返れることも大感動です。

　今回、デザインやグラビアに関しては、昭和のレトロをイメージしています。それは、ラジオという時代を超えたエンタメを通して、改めて自分が昭和の名曲を愛し、昭和のアーティストに影響されていることに気づかされたからです。『Ｉ ＡＭ 1936』も、ＭＣ、歌、ピアノ生演奏、即興芝居、コント、そしてお迎えするゲストと、往年のエンターテインメントショーを彷彿とさせる番組なので、そのイメージを番組本とリンクさせてみました。

　また、ラジオと同様、本の中でも自分が持っている様々な面を表現したいと考えました。山崎育三郎といえば、前向きで明るくポジティブな印象だとよく言われますが、一緒に作品を作るクリエイター達からは、「実は影や悲しみを感じる」と言われることがあります。グラビアでは、そういった僕の中にある多面的な表情が見えたと思います。

　最後に、いつもニッポン放送『Ｉ ＡＭ 1936』を応援していただき、心から感謝しています。みなさんのおかげで、このような番組本を出すことができました。この5年の育三郎の変化や、番組で話してきた思い、素敵な出会い、一緒に振り返り楽しんでいただけたらうれしいです。

山崎育三郎

CONTENTS

TALK ESSAY

1936のメモリー

リスナーの方の思い出やキーワードをきっかけに、昔のエピソードが出てくることが多いですね。昔の記憶が全然なくて、みんなが覚えている同級生の名前を聞いてもピンとこないくらい。だから、ラジオで話していることは自分の中でも相当強いエピソードだと思います。留学にまつわる話が多いのも、16～17歳ごろの大人への第一歩という時期に衝撃的な経験をしたからでしょうね。（山崎）

1936's Memory

「いっくん」から「ワシ」へ？

僕は男ばかりの4人兄弟で、3番目に生まれたから「三郎」がつくんですけど、「育」はすくすく育ってほしいっていう意味かな。母は「育む」って言葉が好きだからつけたと話してましたけど。「育三郎」って名前はほかでは聞かないので、子どものころは嫌でした。小学1年生のとき、出席を取っていて「山崎育三郎くん」って呼ばれたときに、みんな振り向くんですよ。それがすっごい嫌で、かすかな声で「はい」って言ってましたね。ただ、やっぱり覚えてもらえる。ほかの「育三郎」に会ったことは、今まで一回もないかも。育三郎っているのかな？

ちっちゃいときは、自分のことを「いっくん」って言ってましたね。でも、だんだん「いっくんは〜」って言ってる自分が恥ずかしくなって、「僕」になるんです、小学校低学年ぐらいから。

その「僕」っていうのも恥ずかしくなってくるんですけど。でも「俺」って言うにはまだ早い。そういうときがあったんですよ。そこで考えたのが「ワシ」。「僕」と「俺」の間に「ワシ」の時期がありました（笑）。恥ずかしい気持ちもあって、ちょっと隠すように「ワシはなんとかで〜」みたいな。そうしたら弟も同じように、僕→ワシ→俺にしてましたね。

子どものころの僕が映ったビデオってあまりないんですよ。兄ふたりのは残ってるんですけど、僕や弟のはほとんどないです。お母さんも最初は張り切ってたけど、大変だったんでしょうね。

唯一あるのが、小学校低学年でうちに犬が来たときのビデオ。「クック」っていうんだけど、ムツゴロウさんのところで母の知り合いが働いていたつながりで、ムツゴロウさんのところの犬がうちに来て。『クルタ 夢大陸の子犬』っていう映画に出た犬がいるのですが、その子と兄弟なんです。

あと、テレビから流れるMr.Childrenの「Tomorrow never knows」に合わせて、自分が楽器を弾いてるように（当て振り）してる次男を家族でニコニコしながら見てる、っていうビデオも残ってましたね。


幼稚園のころの記憶もほとんどない。実は僕、私立の幼稚園を受験したんです。面接試験があったんですけど、僕は本当に人見知りでしゃべれなかったので、何を聞かれても黙っていたんですって。でも最後に「今日は何色の靴下をはいてるの？」って聞かれたときは、ひとことだけ「赤」って言ったらしいんです。真っ白の靴下をはいていたのに。

あと、たくさんの動物が描かれたカードの中から赤いリボンを付けたウサギさんのカードを取ってきてください、みたいな試験があって。みんなは言われた通りウサギを探しに行ったけど、僕だけはゾウを持ってきたみたいで。それでもなぜか合格したんですよ。

ただ、とにかく幼稚園には行きたくなかった。毎朝行きたくなくてギャン泣き。母親に抱っこされながら連れていかれて、「いっくん、今日はお菓子なに食べれるかな？」とごまかされると、「嫌だ！」って泣きながらも行ってた。もうそれ以外の記憶がないですね。なんであんなに嫌だったんだろう。行ったら行ったで楽しんでると思うんだけど。

幼稚園のお母さん同士で仲が良くて、エリカちゃんっていう女の子の家によく行ってたのは覚えてる。リカちゃん人形ごっこを一緒にやってって言われて。やりたくないんだけど、付き合って一緒に遊んでる。そのうち遊んでる途中で寝落ちするっていう。寝てたら、お母さんが迎えにくるんです。リカちゃん人形で遊んでたっていうのは、なんとなく覚えてますね。

そういう小さいころのエピソードだと、クリスマスプレゼントは、ディズニー作品のビデオが届くというのが恒例になっていまして。最初は「野球のグローブをください」と書いてたんですけど、『アラジン』のビデオが届いたんですよ。そこから毎年クリスマスプレゼントはディズニー作品のビデオ。兄たちはおもちゃをもらってたのに、なぜか僕だけ。

不思議だったんですけど、そこからディズニーの世界を知り、お芝居をしながら歌う世界にハマり、ミュージカルをやってみたいと思うようになったので、このときのクリスマスプレゼントがなかったら今の自分はないですね。それがついに実写映画『美女と野獣』で野獣役の日本語吹替を担当させてもらって、夢が叶いました。だから僕は、クリスマスといえばディズニーを思い出します。

通学、兄弟ゲンカ、野球、初恋……小学校の思い出

僕は、小学校に入学したころは東京・港区の高輪にいました。お坊ちゃんです。いや、ウソです（笑）。

その後、父の転勤で兵庫県姫路市の学校に転校したんですが、ここでカルチャーショックを受けました。まず、じゃんけんが違う。僕は「じゃんけんぽん」と言うんですが、みんなは「じゃいけんで、ほい」と言うんです。「なんだこれは！」と。あとは、僕が標準語なので「女っぽい」とからかわれましたね。「～だよね」と言うと「気持ち悪い！」と言われたり。そういうカルチャーショックは多かったかな。

家族で引っ越したのは、愛知、兵庫、千葉、東京、福岡、北海道。もう嫌だった。友達もできてせっかく慣れてきたのに、1～2年で引っ越し。みんなで号泣だった。子どものころって、友達と離れるのが本当にショックで。ただ今は、地方公演をそのころの仲間が観に来てくれるから、そういうつながりがあるというのはうれしいですね。

小学3～4年生のときは、父の仕事で千葉に住んでいて。千葉から高輪の学校まで電車で通ってたんですよ。1時間半ぐらいかかる。本当にしんどくて、でも自分で行くって言ったから通い続け

てた。

毎日、満員電車ですよ。都営浅草線の泉岳寺から、そのままずっと押上まで行って……そこから千葉のほうに帰るっていう。よくやっちゃったのが、席が空いたら座るじゃないですか。で、子どもだし、朝早いから寝ちゃうんですよ。パッと目が覚めると「羽田空港」。泉岳寺の次が品川で、だいたい乗るのが羽田行きなんですよ。目覚めたら羽田。「うわーっ！」ってなって、もう学校は遅刻。最悪だと思って、座ってまた羽田から泉岳寺に戻るんです。するとさらにまた寝ちゃって、目が覚めたら今度は「成田空港」。ヤバくないですか？　しかも、これが1回じゃなくて何回もやってる。

学校で校長先生に呼び出されて、「君ね、転校しなさい」と。「いや僕、頑張りますから。もうしません。ちゃんと寝ないできます。だから転校させないでください」って言って、頑張って通ったんですけど。でも今思うと、よくうちの母はそんな距離を小学生ひとりで通わせたな、と思って。

怖いこともありました。高校生のお兄ちゃんに「おめえ、今、俺のほうジロジロ見てただろ、この野郎」とか言われて。「こわ〜！」って思って。

ホント、ぎゅうぎゅうでランドセルが潰れるくらいの満員電車に1時間耐えながら、毎日学校に通ってたから。偉かったなぁ。

子どものころは、よく兄弟ゲンカしてましたね。例えば、次男の兄が「新しい『ファイナルファンタジー』を育三郎と一緒にやりたいから、割り勘して買おう」と言ってきたことがあって。僕と割り勘して買ったんですよ。ひとり3500円。でもいざ買ったら、まったくやらせてくれないんですよ。「全然やらせてくれないじゃん」って言うと、「うるせー」と。しかも300円を渡して、「コーラとお菓子買ってこい」って言われて。そこから「10、9……」ってカウントダウンが始まるんですけど、このカウントの間に行かないとケンカ。だいたいボコボコにされてましたね、最悪ですよ。兄弟との思い出はケンカしかない。

年賀状の枚数でも競争していました。兄弟で誰が一番友達からもらえるかを競って。だいたい、弟は2~3枚なんですよ。全然来ないの。

あと、お年玉。やっぱり長男が一番もらえるんですよ。長男が中一のときと僕が中一のときだと倍くらい違ったので、いつも文句を言ってました。

そういえば、6年生のときに学芸会で相手役をやった女の子がすごい好きだったんだけど、その子が「お年玉で親から10万円もらった」って言ってて、「ウソでしょ!?」って思ったのはすごく覚えてる。そんなにあげちゃダメだよね。あと、親がお年玉を回収する家とかもあったな。うちは自分で管理してたから、すごいズルして、百円玉7枚と弟の千円札1枚を交換したりしましたね。「こっちのほうが多いからいいんだよ」って言ったら、「ありがとう」なんて言われて（笑）。

好きな子もいて、小学3年生のとき、当時好きだった子に手紙を書いたことがありました。すごく憧れていて、よくグループで一緒に遊んでいたんですけど、転校しちゃって。それで書いたのが、初めての手紙かな。

そこから文通が始まって、何年か続いたと思う。字はヘナチョコなんだけど、自分なりに丁寧に書いて、プリクラとかも入れた気がする。「好き」って書いたのかな？「好き」とは書いてないと思うけど、「いなくなってさみしい」ってことは書いたかも。あの返事がくるまでのドキドキ感っていうのはね……毎日ポストを開けて、開けるときのドキドキ感、きたときの喜び。あれはいいよね。すごく思い出に残ってる。

でも、子どものころは、女の子の目を見ることもできなかったんですよ。男ばかりの兄弟だったっていうのもありますけど、小学生のときは絶対に目を見れなかったし、初舞台のときは相手役の女の子から「目を見てお芝居しなさいよ」って怒られました（笑）。当時は、芝居でも恥ずかしくなっちゃうんですよ。


小学生のときの忘れられない思い出といえば、ミヤコシ先生と野球の練習をしたことですね。小学生のときに野球をやっていて、僕はキャッチャーをやっていたんですけど、ピッチャーでエースの男の子がいて、僕はピッチャーとしては2番手だったんです。ピッチャーとしては彼に敵わなくて、それがいつも悔しくて、ひとりで練習してたんです。

そうしたら3年生のときの担任だったミヤコシ先生が、みんなが帰った放課後に「育三郎、負けないようにトレーニングしよう」って僕のために残って、ふたりで練習をしたのが忘れられなくて。

そのときの先生の思いが、涙が出るぐらいうれしかったんです。今でも会いたいんだけど、学校を変わられて、もう連絡先もわかんないんだけど、ミヤコシ先生のことはずっと思い出深く残ってますね。

野球は小学校6年間やっていて、全国大会でベスト8まで行きました。すごいでしょ。6年生のときに僕、ピッチャーとして西武球場（現在のベルーナドーム）のマウンドで投げましたから。

でも、6年生のときに小椋佳さん企画のミュージカル『フラワー』のオーディションに受かったのをきっかけに、監督から「（野球は）やめろ」と言われたんです。「ミュージカルの主演に選ばれて、やるんだろう。本気でやれよ。野球をやりながらできないよ、それは。どっちかにしろ」って言われて。もう全国公演も決まっていたので、その流れでミュージカルの道に進みました。

もちろんめちゃくちゃ葛藤はありましたよ。本当に野球しかやってこなかったし、甲子園が夢の舞台だったので。だから、プロ野球選手になりたいという夢は、叶わぬ夢となりましたが、いまだにどこか諦めきれないところがあります。

親友たちとの何げない時間が、自分の原点

中学生になって、初めて携帯電話を持ったんです。当時としてはかなり早いほうだったと思いま

す。学年でたぶん僕だけだったんじゃないかな。なぜかと言うと、子役を始めて、ひとりで電車に乗ってミュージカルの稽古に通うようになったから、親が心配して持たせてくれるようになったんです。

画面が縦3センチ、横数センチで、もう本当にちっちゃい。パカっと開く、今よりすごく大きくて重いやつ。電話ぐらいしかできないから、遊ぶという感じではなくて、ただ親に連絡するために使ってました。

ちなみにその後、PHSで月額3000円くらいのが、カップルで持てたんだよね。それでメールも電話もし放題。けっこう流行っていたので、世代的にわかる人はいると思うんですけど。これは当時持ってました、好きな子と。

おしゃれに目覚めたのも、たぶん中学生のころでしょうね。でも、そうでもないか、ダサい格好をしてた気がします。

中学生のときに初めてドラマに出て、山田孝之や勝地涼と出会ったんですけど、孝之が2歳上なんですよ。もう見とれるぐらいかわいくて、きれいな顔で、髪はサラサラで、くりんとした目で。だからなのか、孝之の着てるものが格好良く見えて。

孝之がよくシャカシャカのジャケットを着てたんですけど、それが欲しくて。僕が中二か中三のとき、孝之に「それちょうだい」って言って。そうしたら「やだよ、5000円」って言われて。中学生の5000円ってけっこうじゃないですか。ただ、いちおうミュージカルで子役をやって、貯金はちょっとあったので。それで、孝之からジャケットを5000円で買いましたね。ちなみに、勝地涼には当時3000円を貸したまま、いまだに返ってきてません（笑）。

でも、普段の服なんて兄のお下がりばっかりでしたね。全然おしゃれに目覚めてない。今でも目覚めてるのかわからない。衣装はスタイリストさんが用意してくれますし、移動の間だけなんで、ジャージでいることも多いし。おしゃれをする理由がないんですよね。

中学生のときは、ずっと「山崎軍団」っていう小学1年生からの幼なじみ、透と徹也と太郎とずっと一緒にいました。週5でうちに来てましたから。

集まっても特にやることもないし、それぞれ違うことをやってたり、みんなで『ダウンタウンのごっつええ感じ』（フジテレビ系）を観たり、なんでもないんですよ。会話するわけでもなく、ただいるだけなんですけど、なんか集まっちゃうんですよね。いることが当たり前で、兄弟に近いというか、それが親友なんでしょうね。

今でも、どんなに忙しくても必ず集まります。会うと、中学生のときの空気感にスッと戻れるというか、何も変わってないんですよ、感覚的に。深い話とか、恥ずかしいこととか言えないけど、なんか自分の心の奥にいるような……まあ、僕がラジオでこういうことを言うのも、気持ち悪いから聴いてほしくないんですけど。

でも、やっぱりずっと一緒にいたし、言葉にはできない空気感だったり、その仲間でしか出せない空間、テンポ、色、匂いみたいなのがあって。僕にとっていちばん居心地がいいし、こういう仕事をさせてもらってるのもあって、原点に戻れるというか。「ああ、自分ってこうだったな」って思える、自分を再確認できる場所なんです。

価値観から変わった留学体験

高校生のとき、アメリカに1年間留学していたんですけど、語学の準備はほぼしてませんでした。うちは長男の兄が高校から留学してそのまま大学に行き、次男もニュージーランドに留学して、弟も留学してるから、兄弟全員が留学してるんですよ。それで、長男から「行けばなんとかなる。1年間、まったく日本語に触れなければ絶対しゃべれるようになるから」って言われて。

ある程度日本で英語を勉強していると、言われたことを頭の中で日本語に置き換えるんですって。返事をするときも、日本語で考えたものを英語に置き換えるとか。でも、英語をあんまり覚えないで行った人は耳と体と状況で覚えるから、頭の中で置き換えないでしゃべれるようになるということらしくて。

だから、僕はミズーリ州の田舎にある、生徒2000人のうちアジア人は僕ひとりだけっていう学校に行ったんです。そんな環境に入れば、英語をしゃべるしかない。向こうに行ってからも、とにかく日本語を聞かない、見ない、親や友達ともやり取りしない、っていうのを1年間続けました。

つらいけど、これをやれたら絶対しゃべれるようになる。準備よりも覚悟をしていくことが大事なんですね。覚悟さえあればなんとかなるから。でも、英語はペラペラではないです（笑）。

僕が英語を学ぶためにやっていたのは、自分が好きな映画を字幕ありで何回か観るっていう方法。まずは日本語字幕で何回か観る。その次に音声は英語のまま英語字幕にして何回か観る。で、最後に英語字幕も外して英語の音声だけで観る。これをやっていくと、ストーリーはすでに頭に入ってるから、字幕なしで観ても「こういうことを言ってるんだろうな」ってニュアンスでわかってくるんです。だから、今も英語を思い出したいときは、英語字幕にして映画を観るようにしています。

この留学で自分の価値観が変わったことがあって。「自分でしか自分の状況は変えられない」と思うようになったんですよね。というのも、最初の2～3カ月はからかわれたり、ちょっと差別的なことを言われたりもしたんですけど、それを変えなきゃと思ってダンスパーティーに参加したんです。それで、思い切ってみんなの前で踊ったら、すごい盛り上がってくれて、そこから一気に仲間が増えた。

アメリカという国自体が、自分から何かを発信しないと変われないという国だったし、実際、自分から行動したことで状況が一気に変わった。この出来事からみんなに「今日遊ぼうよ」「ランチ行こうよ」って言われて。待ってるだけじゃ何も変わらないし、自分じゃなきゃその状況は変えられなかった。怖いところにしかチャンスはないというか。その考え方が自分の基準になったところがあって。

日本に帰ってきてから、またミュージカルの世界に戻りたいと思ったときに、自分で作ったプロフィールと歌を入れたテープをいろんな演出家のところに持っていったんです。自分でチャンスをつかみたいっていう思いがあったし、周りがどうこうじゃなくて、自分がどうしたいか、ですよね。それをアメリカで強く思ったし、考えさせられた。

ただ、留学中の僕は積極的過ぎて「すごくハッピーでクレイジーなジャパニーズ」と言われていて（笑）。ミュージックビデオを作る授業があったんですけど、なぜかそのとき、ウッチャンナンチャンさんがテレビでやっていた「葉っぱ隊」（裸で股間に葉っぱをつけたスタイルで、独特のダンスをするコント）がアメリカでも大ブームだったから、これをやろうと思って、実際にやりました。葉っぱをつけて人の家の前で踊ったんですよ。それをビデオで撮ってみんなに見せたりしてたから、「IKU＝おもしろい」みたいなキャラになっちゃった。

留学中は、野球部に入りました。でも、入ったチームがミズーリ州の州チャンピオンで、日本でいうPL学園みたいな名門だったんですよ。だから、僕がポンと入れるようなチームじゃなかったんだけど、二軍のトライアウトに合格して、入れてもらえました。

そのとき、一軍のピッチャーだった子はメジャーリーガーになったらしいです。僕もキャッチボールしてたんですけど、当時から150キロくらい出てたから、ボールを捕ると手が腫れ上がっちゃって。本当に速い人の球って、ストレートでも下からのび上がってくるから、グローブをちょっと寝かせないと吹っ飛んでいくんですよ。

ちなみに、僕は1回だけ代打で試合に出させてもらって。ストレートしか当たらないから初球からいったほうがいいなと思って、思いっきりバットを振ったんですけど、そうしたらセンター前ヒット。次の日から3週間くらいは、みんなに「イチロー」って呼ばれてたな。

残りの高校生活、大学時代の思い出

1年間留学したことで、僕は結果的に4年間高校に行きました。高校2年で日本に戻って後輩とクラスメイトになったんですけど、よく知ってる後輩たちから「いくさぶ先輩」って呼ばれるのが本当に嫌でしたね（笑）。2年のときは3年の教室に同級生たちがいるので、休み時間になるとその同級生のほうに行くんですよ。授業になるとクラスに戻る、みたいな。でも、その同級生たちが卒業したあと、まだ僕は学校にお世話になるっていう。

だから、修学旅行には後輩たちと一緒に行ったんですよね。音大の付属高校なので、そもそも男の子は学年に6~7人しかいないんですけど、本当にキャラの濃い子たちばっかりで。

ホテルに泊まったんだけど、同じ部屋になった男の子がね、20時半とかに「いっくん、僕もう寝ます」とか言ってベッドに入ったんですよ。20時半ですよ！「えっ!? 修学旅行、これで終わり?」と思って。普通はここからみんなで集まってさ、先生がくるまで怖い話をしたり、ワイワイ枕投げしたりとかあるんじゃないかと思ったんだけど、彼は寝ちゃうし、「どうしよう、つまんない……」ってなって。

で、僕もしつこいんでね、寝かせないように脇をコチョコチョするんですよ、15分ぐらい。そうしたらブチギレちゃって、タメ語で「やめろって言ってんだろ!」って怒られて。

「ごめんね。寝ていいよ」って言ったものの、「どうしよう、眠くないしな」と思って、今度は隣の部屋に行って。で、ドアを開けたら、男の子が3人で女子高生のフィギュアみたいなのを持ちながら、なんとかかんとかってセリフみたいなことを言ってて……「失礼しまーす」ってゆっくり扉を閉めたね。

でも、まだもうひとりいる。ガタイがよくてスポーツ刈りで、柔道部のキャプテンみたいな体格の男の子。部屋に入ってみたら、「山崎くん、僕、熱っぽいから出てって〜」と言われたっていう(笑)。彼は、ちょっとクロちゃん(安田大サーカス)みたいな感じで、見た目はイカついけど柔らかくて優しい声で、「出てってよ」って。「ごめん。じゃ、出るわ」って言ったのが修学旅行の思い出です。これ、すべて本当だからね。もうすごいんですよ。音大付属の男の子たちは本当にキャラが濃いので。

そのあと後輩たちと高校を卒業しました。卒業式のとき、クラスの中で優秀な子が歌ったり演奏したりする「代表演奏」っていうのをやった記憶があります。「理想の人(イデアーレ)」っていうクラシックの楽曲を歌ったのかな。

制服はブレザーだったんですけど、ひとつ下の子に「ネクタイが欲しい」って言われたんです。あの子、絶対にもう持ってないよね。誰にあげたかも覚えてないんですよ。もし今も僕のネクタイを持ってたら、ニッポン放送に送ってください。


音大に入ってから経験したのは、アルバイト。子どもにピアノと歌を教えるという、山崎育三郎がやりそうなバイトですね（笑）。おばあちゃんや学生の方にも歌を教えていました。すごく品のある優しいおばあさまと一緒に童謡を練習して。

あと、高校の同級生の実家がお弁当屋さんで、「いつでも入っていいよ」と言ってくれていたので、そこでもバイトをしていました。おかずを弁当箱に入れる作業がメインだったんだけど、途中から料理も担当したりして。そこで料理を学んだところがあるかな。

19歳で『レ・ミゼラブル』のオーディションに合格して、マリウス役として出演してからはバイトはやってないです。でも、このときのバイトの経験から、今でも教えるということには興味があって。特に、子どもたちに教えることは将来的にやってみたいことのひとつではありますね。


大学といえば、母の実家の岡山には子どものころから毎年夏に行ってたんですけど、大学生になってからも行っていて。好きな場所は「鷲羽山《わしゅうざん》ハイランド」です。「ブラジリアンパーク」と呼ばれている遊園地で、ブラジルの方たちがサンバとかを踊ってくれるんですよ。

でも、僕が大学生のときには、人が少なくガラガラで。観客より踊ってる人のほうが多い（笑）。いつものことなんだろうけど、踊ってる人のテンションが低くて、しまいには世間話をしながら踊っちゃってるっていう……。さらによく見ると、8割くらいの人がホテルのスリッパを履いて踊ってるんです。「ウソでしょ!?」って（笑）。これはディスってるわけじゃなくて、実際に見た光景なんです。で、「これはまずい」と思って、僕もステージに上がって一緒に踊った記憶があります。まだあるみたいですが、あの方たちは、ちゃんと踊ってるんですかね？　当時はその雰囲気が逆におもしろかったんだけど、今もまだそのテンションなのかなって気になります。

ただ、景色がものすごく良くて、瀬戸大橋が見える絶景なんです。あれを見るために行ってもいいかなっていうくらい。そのあと瀬戸大橋を渡って香川に行ってうどん食べてもいいし、みなさんもぜひ、岡山に行ったら訪れてほしいな。いろんな意味で楽しめますので（笑）。

GUEST TALK

斉藤慎二（ジャングルポケット）

2017年9月16日・30日放送

斉藤慎二（さいとう・しんじ）
1982年10月26日、千葉県生まれ。東京校12期生としてNSCに入学し、2006年におたけ、太田博久とジャングルポケットを結成。『キングオブコント』では2015年に初めて決勝に進出し、その後4度ファイナリストに。『99.9-刑事専門弁護士』（TBS系）や『村井の恋』（TBS系）など役者としてドラマにも出演している。

育三郎さんも驚きの女性を口説くテクニック

山崎　僕が斉藤さんを初めて見たのは『ロンドンハーツ』（テレビ朝日系）のドッキリ企画で、斉藤さんが女性を口説く姿を追っているやつだったんですけど、Ｂａｒで女性に向かって「ホール・ニュー・ワールド」を歌っているのは衝撃でしたね。本当にカメラが回っているのはわかってなかったんですよね。

斉藤　まったくですね。テレビにも出始めたばかりのころだったので、カメラが回ってるなんて思いませんし、ロンブーさんとお仕事するのも初めてだったので。

山崎　あれは衝撃でしたね。だって女性とふたりで飲んでいるときにいきなり「ホール・ニュー・ワールド」本気で歌いますか？

斉藤　僕にとっては当たり前だったので、逆におかしなことだったと思われていることにびっくりしちゃったんですけど（笑）。

山崎　ハハハハハ。じゃあ前からやられてることなんですね。

斉藤　しょっちゅうですね。やっぱり女性といるときは自然と歌っちゃいます。

山崎　だいたい「ホール・ニュー・ワールド」なんですか。

斉藤　「ホール・ニュー・ワールド」はよく歌いますね。女性からしたら隣でミュージカル楽曲を歌う人なんて初めてだと思うし、こんな感覚は味わったことがないと思うので。僕が付き合う方はだいたいファンの方が多いので、僕のことを知ってくれているんですけど。

実は野球男児だった学生時代

山崎　斉藤さんも野球をやってたんですか？

斉藤　幼稚園の年長から高校3年生までやってました。

山崎　僕もやってたんですよ。小学校の1年から6年間。でも6年生のときにミュージカルのオーディション受かったので、そこからミュージカルの世界に行ってしまったんですけど、野球はずっと好きで。

斉藤　僕も幼稚園からやっていたので、ポジションはほぼ全部やりましたし、足も速かったので、千葉県八千代市の代表として100メートル走の大会に出たりとかしてました。

山崎　え！　何秒くらいなんですか？

斉藤　小学生のときは50メートルが6秒2とかでしたね。100メートルになると12秒くらいですかね。

山崎　小学生で？　めちゃくちゃ速いじゃないですか。

斉藤　そうですか。自分にとっては普通だったんですけど（笑）。

山崎　いや普通じゃないですよ。甲子園にも出場したとのことですが、甲子園の土は踏んだんですか。

斉藤　私はスタンドで応援というポジションでした。

山崎　ハハハハハ。スタンドで。

斉藤　このポジションだけは絶対譲れなかったですね。

山崎　これは選ばれて？

斉藤　そうですね。まず野球部だったんですけど、野球部のグラウンドにあまり入らせてもらえなくて。周りが言うには、打撃と守備があまりうまくないということで、グラウンドに入ることはあまりなかったです。

山崎　でも甲子園に出場するような高校だと練習は相当きつかったんじゃないですか。

斉藤　それが午後7時までしか練習をしちゃいけないって決まっていたので、短い時間で効率のいい練習をするって感じでした。

芸人になったきっかけは勘違い？

山崎　ミュージカルを好きになったきっかけはなんだったんですか。

斉藤　文学座附属演劇研究所に通ってたんですけど、そこで日本舞踊や狂言などいろいろなことを習ったんです。その中にミュージカルの歌い方などを習う授業もあって、そこからミュージカルに興味を持ちました。ミュージカルが好きな同級生も多かったので一緒に劇団四季を観にいったりとかしてました。

山崎　授業ではどんな歌を歌ってたんですか？

斉藤　そのときは『ジキル＆ハイド』の曲を歌ってました。そこで1年勉強したんですけど、その上のステージにいくことができなかったので、そこでやめてしまいました。

山崎　こんないい声で歌えて、顔もかっこいいのになんで落ちるんですか。

斉藤　ちょっとやめてくださいよ！　たしかにいいところしかないですけど（笑）。でも座員としてはいらないですよ、ってことだったんだと思います。

山崎　そうなんですね。その後、また俳優を目指そうとは思わなかったんですか？

斉藤　文学座に入りたいなと思っていたので、そこで落ちたら続けようとは思わなかったですね。結局、結婚とか子どもができたときのことを考えたら、安定した収入があったほうがいいなと思えたので、その後はサラリーマンになりました。

山崎　それは何歳のときですか。

斉藤　22ですかね。スーツ姿で営業マンとして働き始めましたね。

山崎　でも、そこからどういう流れで芸人になったんですか？

斉藤　そこで1年くらい働いていたんですよ。そのとき、50代の女性の方が会社に入ったときからいろいろと教えてくださったんですけど、ある日、その方に会議室に呼ばれて「本当にこの仕事をずっとやっていこうと思ってるの？」って聞かれて。「はい」って答えたら「吉本に行きなさいよ」って急に言われました。「芸人でもドラマとかに出てる人もいるんだから、芸人として売れて、そこから俳優の仕事をしていけばいいんじゃないの？」って言われたんですよ。急だったので、最初はこの人、何言ってるんだろうって思ったんですけど、とりあえずその日に本屋さんに行って『De☆View』と『Audition』って雑誌を買ってみたんです。その日がNSCの締め切り2日前だったんですよ。だから次の日にNSCに履歴書を出して、会社には退職願を出しました。退職願を出しに行ったときは、ちょうどその上司の方は営業に出られててその場にいなかったんですけど。

山崎　その女性すごいですね。

斉藤　でもその方からすぐに連絡がきて、「どういうこと？」って（笑）。その方は最近、僕が仕事に身が入ってないから活を入れるという意味で冗談っぽく言ったつもりだったらしいんですよ。だから経緯を説明しても焦ってたんですけど、もう出しちゃったんで吉本行きますって。

山崎　でも、それは運命ですよね。その方の言葉がなかったらやってなかったですもんね。

斉藤　そうですね。その方がいなければ吉本に入らなかったですね。

GUEST TALK

河本準一（次長課長）

2019年5月25日・6月1日放送

河本準一（こうもと・じゅんいち）
1975年4月7日、岡山県生まれ。1994年、井上聡とお笑いコンビ「次長課長」を結成。NSC大阪校13期生。数々のバラエティー番組に出演し、代表的ギャグ「お前（おめぇ）に食わせるタンメンはねぇ！」のほか、細かすぎるものまねや、即興コントなどをたびたび披露している。

チラシをもとに、ガチンコエピソードトーク！

山崎　トークの達人である芸人・河本さんのお話を聞かせていただきたいということで、こんな企画をご用意しました、「201の話」。次長課長の河本さんといえば、『人志松本のすべらない話』（フジテレビ系）とか、どんな話でも楽しく成立させてしまうトークの達人でおなじみだと思います。

河本　いや〜、怖い怖い怖い。

山崎　そこで、スタッフの実家の郵便受けに入っていたチラシを見ながら、トークを成立させていただきたいと思います。

河本　いやいや、事前に用意してんねん、『すべらない話』は。そりゃそうやろ。

山崎　いや、芸人さんなら、何が起きてもおもしろくしてしまうというね。

河本　チラシを見てトークしたことないから。

山崎　本当にガチの、うちのスタッフの郵便受けに入っていたチラシを持ってきていただきまして。ＡＤのすなおくんの実家、「２０１」っていうのは部屋の番号ですね、２０１号室。ここにチラシが。

河本　ホンマのチラシやんか。チラシの中でも選《よ》ってよ。選らずにまんま持ってきてる、すなお。

山崎　でも芸人さんって、『すべらない話』とかも事前に用意するとは思うんですけど。アドリブの中で生まれるものもありますよね。

河本　いや、もちろんそれはあるけどさ、バラエティー番組であんま聞いたことないでしょ、チラシをバーッと前に広げて、それを見てしゃべるとか。ヒャハハハ。ガチすぎる。

山崎　ガチなんで、バラエティー豊かでもない。車とかね、リフォームとか。

河本　すっごい地味。もう生活感があふれるやつしかないねん。

山崎　ないんですよ。これをね、どうしろという。

河本　車とか好きですか？

山崎　車はぼちぼち好きですけども。

河本　車のときにちょっと困るというか。僕は今は乗ってないんですけど、前乗ってたときに、僕、そんなに背もデカくないし、手足もそんなに長くないから、地下とかデパートとかのパーキングで、券を受け取ってから進むみたいな、でもあんまり寄せすぎたらちょっと怖いしっていうところで。

山崎　ガリッといきますからね。

河本　ちょっと遠くなるみたいな。シートベルトをした状態でやるわけだから、一度パーキングに入れて、サイドブレーキ引いて、シートベルト外してからドア開けて、ってやらなきゃ届かないときもあるじゃないですか。

山崎　あります。

河本　うちの先輩の陣内智則さん。車乗ってたときに、（パーキングで）お金を入れるじゃないですか。

そのときに、ちょっと手が届かなかったのよ。でも、陣内さんは野球やってたからたぶん自信があったんでしょう、窓を開けて小銭をパンッと投げて、いくかなと思ったらそれ全部落ちたわけよ、パラパラパラッと。小銭が全部落ちて、またもう一回、一から拾い直さなきゃいけないじゃない。たぶん、どこか自分の中で失敗したっていうのがあるから、次は成功させたいじゃない。それで、次は小銭をけっこう握りしめて、まとまった状態で投げればええんやと思って、思い切ってバーンと投げたら、今度は窓開いてなかった……。

山崎　ハハハハ！　すべらんなぁ～。

河本　いやいや。ホンマ怖いから。

山崎　でも、この中に（車のチラシが）あるところから、このエピソード。すごいな、ちょっと。俺、できないわ。

河本　育三郎くんもあるやんか。あるから！　あるある。

山崎　いや、ちょっと待って。わかりました。あの、マッサージね。僕のミュージカル仲間で肩が非常に凝るやつがいて、彼は整体に行って、いつも電気を肩にあてて筋肉をほぐしてもらう。で、行ったんですって。すごい疲れがたまってて肩がガチガチだったので、「先生、ちょっと今日、肩がいつもより重いんです」と。で、「ああ、わかりました。じゃあいきますね、弱でスタートします」「いや先生、全然効かないんで、もうちょっと上げてください」「わかりました。じゃあ中にしますね、はい」「いや～、中でもちょっと……僕、今日疲れてるみたいであまり感じないんで、もうちょっと上げてください」「そうですか、大丈夫かな、いつも弱だからね。じゃあ強にするよ」って、（先生が電気の強さを）ガンッて上げたんですね。そうしたら「いや、まだまだこないな。先生、僕、今日疲れてるのかな？　なんだろ?」「本当ですか? じゃあいきますよ」って。それで、先生がもうMAXでいくと。今日、君は凝ってるからって、先生が電気をMAXに、せーの、ドン!ってやった瞬間に、隣にいたおばあちゃんの肩がバーッ!ってなったっていう話。

河本 おもしろい! おもしろい!

山崎 ありがとうございます。人から聞いた話なんですけどね。今のはOKですか。

河本 OK!

トークのコツは、コンパクトにすること

山崎 何かコツってあるんですかね、おもしろい話。

河本 コツ? あんまりトークに自信がない人は、なんて言うんですかね、長くしゃべらないほうがいい。

山崎 なるほど。短めにしちゃう。

河本 短めでコンパクトにしたほうがいい。まあ、コンパクトすぎると「どういうこと?」ってなるけど、長くやればやるほど道筋がわからなくなって、迷子になることが多いのよ。だから、コンパクトにパンパンといったほうがね。でも、さっきぐらいの時間のあれ(エピソードトーク)も、むちゃくちゃいい。

山崎 大丈夫ですか? うわー、よかった。ちなみに、『すべらない話』が僕、大好きなんですけど、やっぱ緊張するんですか?

河本 いや、するよ。あれはまず、しゃべる順番がわからないから。いつくるかわからない緊張感と、あと何回連続でくるのかという……。

山崎 そっか、(トークの担当が)続くときもありますもんね。

河本 例えば、僕が今回は珠玉の6品で勝負したい

と思っても、「7品目きたときどうする?」と。用意した品以外のやつも、その場に応じてしゃべらなきゃいけないっていう、そこはすごい。

山崎 ひとりしゃべりのときのコツってありますか? 意識すること、大事にすることとって。

河本 ひとりしゃべりはけっこう苦手なんですけど、やっぱり目の前にお客さんがいるから、どうしても自分の話を聞かせたいときは、お客さん一人ひとり、たいてい特定の人に「ね!」って言いますね、無言のキャッチボールというか、その人が一回うなずいてくれれば、もうそれで安心するんですけど。だから、ひとりでしゃべってるように見えて、実はお客さんとキャッチボールしてるような感じにしてます。

山崎 なるほど。僕も芝居で今、ストーリーテラーっていう客席に向かってお話を進めていく役割なんですけど、ある先輩から、コツとしてはお客さんの中からターゲットになる顔を見つけて、その人に語りかける。ひとりに届けば、2000人に伝わる。だから絶対にしゃべるときはお客さまの目を見ろと。それは何か通じるものがありますね。

河本 本当だね。はあ〜、なるほど。

山崎 わーってしゃべるとあんまり伝わらない、ということをおっしゃっていて。でも、ラジオもひとりじゃないですか? これは難しいですよね。

河本 たしかにね。やっぱり聴いてくれてる人たち、リスナーの方々が今どういう感じで聴いてるかわからない。横になって聴いてる人もいれば、何かしながら聴いてる人もいる。だから、何を自分の中でターゲットにしてしゃべるかって、ラジオは難しいよね。

山崎 いや〜、勉強になります。

TALK ESSAY

1936のライフ

自分の日常といっても、決まったルーティンとかはなくて。ライフスタイルが日々変わっているので、振り返ると「このときはこうだったけど、今は違うかも」というものもありますね。仕事の影響も大きいんですけど。ミュージカルかドラマかによっても変わるので。でも、コロナで家にいたときは、夢の中にいるようなふわふわした感じでした。目まぐるしく仕事をしていたのが急に止まって、思考停止したような、ヘンな気分でしたね。（山崎）

1936's Life

早起きは得意！　だけど5分で家を出る？

子どものころは、まったく朝起きられなかった。目覚ましが何回鳴っても起きないタイプだったんですが、仕事を始めるようになって、特に連ドラをやらせてもらうようになってからは早朝でも起きることに慣れましたね。

スマホで目覚ましをかけるんですけど、1回鳴ったらパッと起きます。1回目のトゥルトゥルですぐ消しますね。それくらい今は音が鳴ったら反応する体になっちゃいました。「絶対起きなきゃいけない」っていうプレッシャーを自分にかけて寝るので、それで起きられるようになりましたね。子どもも早起きなんですよ。何時に寝てもだいたい6～7時には起きます。昔は何時間でも寝られたので、何もない日は12時ぐらいまでずっと寝てたんですけど、今は何時でも起きるかな。

ドラマで朝が早い日は、何も食べずに家を出ることが多いです。現場に行ったらおにぎりを用意していただいてることもあるので、そういうのを食べます。朝起きて、歯磨きをして、お湯を温めて白湯を飲むっていうのはやってるかな。一気に体が温まって目も覚めるし、声も立ち上がるので。だから、起きるのはだいたい家を出る30分前ぐらい。男性はみんなそんなもんじゃないですか？わりとすぐ行けますよね。

舞台の地方公演中は、ギリギリまで寝ていたいので、部屋を出る5分前に起きます。劇場に入ってからシャワーを浴びる。劇場でシャワーを浴びながら、発声練習をするんですよ。熱湯をバーッと浴室内にかけて、蒸気が出てる状態で軽く発声すると声の立ち上がりがすごく早いので。

朝はゆっくり過ごすっていう人もいますよね。僕も朝の時間を本当は大事にしたいんだけど、公演中はやっぱり睡眠を取りたくなってしまいます。喉の復活のためにも。

僕、一度起きたらあまり眠くならないんですよ。二度寝するっていうのはあまりないですね。でも朝早く起きると、夜公演の日はけっこう疲れちゃいます。

そういえば、眠くなってきたときに使える技があるんです。息を止めるという方法。自分の限界まで息を止めると、一発で目が覚める。免許の更新に行ったときに、講習中めちゃくちゃ眠くなっちゃって。これはまずいなと思って、一度、息を止めてみようと思って。限界まで息止めて、息切れしてってていうのを繰り返してたら、最後まで起きていられました。本当に効果があるから、みんなもやってみて！

プライベートでは遅刻しないほうですね。プライベートが少ないから大事にしたいというのもあって、10分前には待ち合わせ場所にいることもあるかも。でも、ちょっとせっかちだから待つのは苦手かな。

仕事で遅れそうになったことは一回だけあります。『レ・ミゼラブル』をやってたときなんですけど、土日と平日で開演時間が違ったんですよ。そうしたら、普通の平日が何かの記念日で祝日扱いになっていて、開演時間が1時間早かったんです。それなのに、いつも通りに起きて時間を見て「うわーっ!」って。急いで出ていったので間に合ったんですけど、ウォーミングアップする時間が減ってしまいましたね。

ミュージカルでも、開演ギリギリに到着した人を何回か見たことがあります。でも、公演は代わりがいないし、お客さまが待ってるわけですから。ミュージカル俳優は時間に慎重になってる気がしますね。

食事、歯磨き、お財布……大切にしていること

食べるのが好きなんで、我慢してまで痩せたいとは思わない。僕は太りやすいタイプではあるんですけど、ほかのところで頑張るというか、食べるものに制限をかけない。もう食べるために頑張ってる、みたいなところもあるので、朝起きたらまず「今日の夜ごはんはどうしようかな?」と考えます。そこから逆算して、朝と昼のメニューを考えるぐらい、食事は大切にしてる。

それと歯はきれいにするようにしてます。アメリカに留学してたときに感じたんですけど、アメリカ人はみんなめちゃくちゃ歯がきれい。理由はたぶん言語にあるんですよ。英語ってしゃべり言葉の中でとても歯がよく見える。そういうこともあって、アメリカ人は口の中をとても大事にして

いるんじゃないかと。

僕も影響されて、アメリカにいた16歳のときから歯はきれいにするようになりました。歯科医には定期的に行ってるし、歯磨きも一日3回以上はやってる。朝起きたらまず歯磨きをしないと気持ち悪いし、食べたあとも、公演の本番前も磨くから、普通の人よりも多いですよ。やっぱり歯はきれいなほうがいいよ。

歯医者さんには、歯磨きの角度とか力の入れ方とかも教わっていて。あとは糸ようじ。糸ようじも100%やります。やらないことは一度たりともないほど。舌磨きも歯ブラシと同じだけやる。歌う仕事っていうのもあるし、見られる仕事っていうのもあるんだけど、歯はとっても大事にしてますね。


お財布をいつもきれいにするっていうのも僕のこだわりで、お札は銀行に行って全部ピン札にして入れてます。しかも順番や向きもちゃんと揃えて。レシートや領収書をお財布から出すのも毎日のルーティンになってます。お財布を汚くしている人にはお金が回ってこないから、お財布は常にきれいにしておきたいんですよ。

お札は畳んじゃダメらしいから、長財布よりもひと回り大きくて、パスポートも入るやつを使ってます。ちょっとしたバッグみたいな。

小銭は貯金箱が家にあって、そこに入れてる。けっこう貯まるんですよ。昔、それをずっとやってたら30万円ぐらい貯まって。それと、お財布に海外のコインを1枚入れておくといいって聞いたので、ウィーンに行ったときのユーロを1枚入れてます。

現金を使わないと、お金を使ってる感覚がなくなりそうですよね。実感がない感じがしちゃって。とか言いながら、僕はカード派なんですけど。

でも、ご祝儀とか香典は電子マネーだと気持ち入らないですよね。僕の知り合いで、おもしろいお年玉の渡し方をしている人がいるんですよ。ボックスの中に五百円玉を入れて、それをひと握りぶんあげる。子どもの手の大きさによってつかむ量も変わってくるから、毎年、体が大きくなるにつれて額も増えるっていう。こういうアイデア、おもしろいよね。

慌ただしい日々から自粛期間へ

完全に曜日の感覚はないですね。道がすいてたりすると、「今日、日曜日だからすいてるのか」みたいなこともありますけど、あんまりわかってない。

仕事の日、休みの日っていう感覚もないかもしれない。家にいる間も台本とか歌詞を覚えてますから。でも、そもそも仕事とはあまり思ってないんです。遊びだと思って、楽しいことをずっとしているような感覚でいるようにしてます。

収録の前に夕飯を食べようと思って、マネージャーたちとレストランに向かっていたら、飲み屋さんが多いところだったので、お酒を飲まれてる方々が目に入ったことがあって。ああいうの、本当に羨ましい。平日の夕方から飲む、みたいなことをほとんどしたことがなくて。そういう楽しみがないっていうのは、ちょっと切ないですよね。

コロナで自粛期間に入ったときは、久々に自宅で長い時間を過ごしました。特にテレビの仕事を始めてからはほぼお休みした記憶がなかったので、あんなに長い期間、自宅で過ごしたのは人生でも初めてかな。最初はどうなるのかなと思いましたけど、結果的に楽しんでた。

家にいてもやることはたくさんあるんだよね。もちろん子どもたちのこともそうだけど、家にいる時間をどうやって充実させていくかに気持ちが集中していくので、いろいろ楽しんでました。

クッキーを作ったり、家庭菜園を始めたり、家をきれいな状態にキープするようにしたり。あと、『トイ・ストーリー』のパズルも買った。僕、好きなんですよ、『トイ・ストーリー』。本当に子どものころから好きで、高校生のときもグッズを集めてましたね。だから、竜星（涼）が声優をやったときは、ちょっとジェラシーを感じたりしましたけど。

それと、やっぱり食事ですね。「今日は何を作ろうかな?」って料理するのもすごく楽しい。Netflixとかのサブスクで映画も観てたな。おもしろい映画ってこんなにあるんだっていうね。韓国ドラマにもおもしろい作品がいっぱいあったし。

あとは一日2～3時間、子どもとかくれんぼをしてます（笑）。この間も「かくれんぼしよう」「僕、鬼やる！」って言うんで、押し入れの中に隠れてたんですよ。けっこう難しいところに隠れてたから、しばらく経っても全然来なくて。「ここだよ！」って言っても全然来ない。「え？」って思って見にいったら、もうテレビ観てるんですよ（笑）。「何してるの？」って聞いたら「ごめん！　テレビ、おもしろくなっちゃったから」って。謎に、ひとりで10分隠れてるみたいなことがありました。

僕がこれだけ家にいるのって、たぶん初めてなんですよ。僕自身も、こんなにゆっくりしたのって記憶にないから、なんか夢の中にいるみたいにフワフワしてた。

自粛期間中には断捨離もやりましたね。取っておくものと捨てるものの判断基準は、気を感じるかどうか（笑）。なんかエネルギーを感じるか、自分の気持ちが上がるかどうかみたいな……わかります？　この感じ（笑）。

何かを触ったり持ったりしたときに気持ちが上がるかどうかっていうのが、僕の中にはあって。空間とかでもあるんですよ。「あ、この空間好きだな」とか「早く外に出たいな」とか。何かを感じたり、何かが見えたりとかいうものではないんですけど、何も感じないものは「ありがとう！さよなら！」っていう感じで弟や後輩にあげたりしました。

会議もZoomでやらせていただいたんですけど、あれ、めちゃくちゃ便利ですね。しゃべってる人がアップになって。Zoom飲み会とかも流行ってましたよね。僕も一回、IMYでZoom打ち合わせをしつつ、脱線してお酒を飲みながら会話をするっていうのを深夜にやりました。なんかちょっと、楽しかったな。

そうやって置かれた状況下でどれだけ楽しむかは、どっちかっていうと僕は得意なんじゃないかと思ったりして。普通の生活が楽しいんですよね。

1936全力投球

先日、（息子の）ミニ三郎に「自転車が欲しい」って言われて。「へんしんバイク」って知ってます？ちっちゃい子が自分の足を使ってバタバタしながら進める自転車のことで、それはペダルを付ければ普通の自転車にも変身できるっていうので、そういう名前なんですけど。2歳から6歳くらいまで使えるのかな。

でも、ただ買ってあげるんじゃなくて、大きなプレゼントとして渡したくて。だから、僕からではなく、神様からのプレゼントっていう物語を作って、「お手伝いやお片付けしていい子にしてると、神様が見てるよ」って。「神様にお手紙書こう」って言ったりもして。そうやって頑張ったんで、あるとき、彼がトイレに行ってる間に僕がベランダに自転車を隠して、本人が見つけるっていうのをやりました。

子どもにはよく絵本を読んでます。しかもかなり本気で。たまに絵本に書いてある文章を無視して、絵を見ながらアドリブでしゃべったりもしてます。そのほうが子どもが集中するんですよ。

子どもって、意外に絵本を読んでるときは絵を見てるんですよ。絵を見ながら自分でいろんな想像をしてるんで、それを見ている最中に次のページに行くのはやっちゃダメです。だから、子どもが自分でページをめくるまで、そのページから動かないのが大切だと思います。

好きな絵本はなんだろうな、自分が子どものころに好きだった『ぐりとぐら』とかも読むし。今、すごくハマっているのは、『三びきのやぎのがらがらどん』っていう3匹のヤギのお話。トロルっていう怖い鬼がいるんだけど、ヤギの子どもとお父さん、お母さんが出てきて、最後にお父さんヤギがトロルをやっつけるっていうお話で。子どもが大好きで、これを全部アドリブで「ぅう～、う゛～、う゛う゛～！」「こらぁ～！」みたいに本域でやるんですけど、毎日「読んで、読んで」って言われてます。

こないだは家族にお弁当を作ったんですよ。僕が好きな鮭と韓国のり、ごま油、高菜とかを入れたおにぎり。あと、塩麹で柔らかくしておいた鶏肉に、生姜とにんにくをたっぷり漬けた味濃いめの唐揚げが大好きなので、それを作ったり。ほうれん草の胡麻和えとか、卵焼きとか、〝ザ・お弁当〟みたいなの。

自粛期間中に、自分が思っている以上に料理が好きだってことを感じたんですよ。楽しいんですよね。誰にも触ってほしくない、ひとりでやりたい。過程を見ないでほしくて、完成したのを見て「わー！」って言ってほしい（笑）。

うちは男4兄弟じゃないですか。で、母が料理をしてくれるんだけど、量がすごくて。そのときに手伝うのは僕だけだったんですよ。4人も兄弟がいると、母はよく戦争っていうふうに言ってました。あまりにも3人が手伝わないから、それを気にして僕がいちばん手伝ったのかもしれないですね。台所で母が料理してるときに、何かを切ったり、大根をおろしたり、料理を運んだりとか、4人の中ではそういうことをいちばんやってたかな。母のまねして肉じゃがとかを作ってみたりしたこともありました。

母の味が好きで、留学中もホストファミリーに料理を作ってあげたんです。ただ、ホストファミリーのお父さんはひと口も食べてくれなかった。あれ、なんでしょうね。今考えてもちょっとイラッとする。だってさ、うちにアメリカ人の高校生が来たとして、「僕の家の料理だから、ひと口食べてください」って言ったら、絶対食べるよね。「ありがとう!」って。「NO! NO!」って、「NO」じゃないから! 「ウソでしょ!?」って、子どもながらに傷つきましたよ。口にしたことのないものを食べたくないっていうの。お母さんは食べてくれたけど、すごい残りましたね。

ちなみに、自分の子どもには、食べたら自分で食器を運ぶっていうところまでやらせますね。食事中はテレビも見せないです。ごはんを食べるときは、ちゃんと一粒も残さないでしっかり食べるっていうのをさせてますね。だから、ごはんはよく食べますし、自分で食器を運んでます。そこはちゃんとしてるかな。おもちゃとか、使ったものはちゃんともとに戻すことも一つひとつ言ってますけどね。

あと、うちはよく勝負をさせてる。「○○した人が一番」って言うと、けっこうやるんですよ。例えば、洗濯ものを誰が一番早くたためるかとか。子どもは勝負が大好きなんで、しょっちゅうさせてるかな。お片付けも、ゲーム感覚でやらせるのがいいかなって思います。

前、豆まきをしたんですけど、うちのミニ三郎は、肩がものすごい強くて剛速球なんですよ。僕は野球が大好きだから、「こうやってボールを投げると速くなるよ」とか、もう1歳半のころから投げ方を教えていて。クリスマスに僕の弟からストラックアウト（的当てピッチングゲーム）をもらったんだけど、そこにボールをぶつける練習を1歳半からやっていたせいか、日本の同級生の中でもトップ5に入るんじゃないかっていうくらい本当に肩が強い。

豆まきでも、YouTubeに載せたらバズるんじゃないかっていうぐらい、パンっていくんですよ。僕が鬼をやるじゃないですか。ベランダで「鬼だぞー！」とかやってるんですけど、投げてくる豆のスピードが速すぎて。痛いんですよ（笑）。

みんなにいつか見てもらいたいなっていうぐらい、うちの子すごいですよ。プロ野球選手というのが僕の夢だったんで、プロ野球選手になったらちょっと泣いちゃうね。でも、音楽も好きそうだし、どうなっていくんですかね。すごい楽しみです。

GUEST TALK

千鳥

2018年6月16日・23日放送

千鳥（ちどり）
1980年3月25日、岡山県生まれの大悟、1979年12月30日、岡山県生まれのノブが、2000年に「千鳥」を結成。岡山弁を活かした漫才やトーク、ノブの「クセがスゴい！」というツッコミなどで人気を博す。『テレビ千鳥』（テレビ朝日系）、『千鳥のクセがスゴいネタGP』（フジテレビ系）、『相席食堂』（朝日放送テレビ系）など、数多くの冠番組を抱えている。

千鳥の結成はナンパがきっかけ？

山崎　おふたりって、本当の幼なじみなんですか？

ノブ　高校から。15歳のときに大悟は（岡山の）島で、僕は田舎の山奥で、高校に行ったら噂になってて。入学式で「島から鬼みたいなやつがくる」って。それが大悟やって。で、入学式迎えたらこなかったんよ、大悟。「よかった〜。もう何か問題を起こしてやめたんや。もうこないんや」と思ったら、入学式の途中で、うしろの扉がガラッと開いて「ずいがげん、おぐれがぎだ〜！」って。

大悟　全部点々入ってる。「ず」から入ってる。鬼やん。言葉覚えたての。

ノブ　ホンマの鬼が、「すいません遅れました」って入ってきて。

山崎　ハハハハ。ドラマみたいですね。仲良くなるきっかけはなんです？

ノブ　大悟はヤンキーっぽい感じやったけど、でも野球部に入って。丸坊主にしてマジメに野球やってて、俺は違うクラスで、なんかお互いお笑い好きみたいな雰囲気はあったよな。高校3年で一緒になったんかな、クラスが。そっからもうずっといたな。

大悟　4人か5人グループで。土日はほとんどノブんちにいたし、何をするわけでもない。

ノブ　大悟は先にピン芸人になりに行ってるのよ、大阪に。俺は岡山で働いてて、そのときいちおうほかの人と組もうとしたんやろ?

大悟　探したけど結局おらんくて。ほんでノブを呼んだ、みたいな。

山崎　それもすぐ「わかった!」ってなるんですか?

ノブ　もちろんならない。「いやいや、ムリムリムリ。もう俺は会社員として働いていくから」って言ってて。「まあ一度、大阪遊びにこいや」って大悟の家に遊びにいって。夜、「ナンパ橋」ってのがあって、大阪の道頓堀に。そこで人生初のナンパをやってたら、なんか成功して。きれいなお姉さんとごはん行けて。

山崎　2対2で?

ノブ　そう。で、なんかバーかなんか行って、何もなしで終わったんやけど、「大阪最高!」って。こんなチャンスが毎晩あるんかって思って。

大悟　ワシはもう1年ぐらい住んでたから、「いや、大阪ってこんなもんやで」みたいな。ちょっとワシからしても初ナンパで初成功。

ノブ　もううれしすぎて、岡山に帰ってすぐ会社に辞表出して。

山崎　ええ~!?　お笑いというよりは、もう大阪の街に住みたい。

ノブ　そうそう。「楽しいほうがいいわあ」と思って。今考えたらアホやけど。

1936式・歌唱力アップのコツ

ノブ　（3人でMr.Childrenの「Tomorrow never knows」を歌ったことについて）めちゃめちゃ褒められてたよ。
山崎　音程がすごいしっかりしてるし。
ノブ　喉強いのよ、大悟。かれてるの見たことない。
山崎　野球部っていうのあるかもしれないですね。
大悟　ああ、声出してるからね。
山崎　「バッチこ〜い！」とか。
ノブ　「バッチこ〜い！」もいい声やったな、今。「バッチこ〜い！」。
大悟　「バッチこ〜い！」の音ってあるの？
山崎　あります。これ言いたいのは、日常の生活で使ってる声のほうが、高い声とか使ってるんですよ。なんでかっていうと、しっかり感情が乗ってるんです。それが歌になった途端、みんな固まるんですよ、筋肉が。緊張して歌おうとするので。
ノブ　そうだ。
山崎　ミュージカルの場合はお芝居として歌ってるので、そこのシチュエーションで。例えば、野球の「バッチこ〜い！」にしても、ミスチルさんより高い声出てるときもあるんですよ。
大悟　なるほどねー！
山崎　そう。だから僕がよく言うのは、「もうこれお芝居だと思って」というか、「感情をベースに歌ってみてください」と。
大悟　自然に出るんだ。
ノブ　（Tomorrow never knowsの出だしを歌う）
大悟　それはどういう感情や？
山崎　ハッハッハ。
ノブ　とどまることを知らないのよ。

大悟　とどまっとる。めちゃくちゃピタッと止まったけど。

ノブ　いや、感情を乗せたんやけどなあ。すごいなあ。

バラエティ番組の難しさ

山崎　『世界の村のどエライさん』（関西テレビ・フジテレビ系）を一緒にやってるじゃないですか（当時）。ああいう番組でしゃべっていくのって、すごい難しいなと思うんです。こうやって自由にしゃべっていいのであれば、リラックスしてしゃべれると思うんですけど、コメントを求められたりとか。何かポイントとかあるんですか？　何を振っても、ちゃんとおふたりは素晴らしいコメントというか。

大悟　いやいや、わかってない。ワシらもまだわかってないよ。

ノブ　そうそう。本当に世界の村で苦労して、大変な生活したりしてるリポートが返ってくるやん。「大変やなぁ。日本、幸せっすねぇ」になるんですよね。

山崎　ですよね。そうなっちゃいますよね。

ノブ　だからなんやろな。いっくんとか、思ったことをそのまま言ってたら大丈夫なんじゃない？「うわっ、素敵やな。いいとこやな～。でも絶対住みたないわ」とか言ってたらいいんじゃない、普通に。

山崎　それでいいんですかね。千鳥さんといえばロケじゃないですか。リポートを見てても、「いや、もっとこういけよ」みたいなのってあるんですか？

大悟　いや、あれはでも大変やと思う。（リポーターは現場で）いろいろ言ってるんやと思う。

山崎　そうかそうか。言ってるけど（使われない）。

大悟　いっくんとか行かないの？

山崎　行きたいです。スケジュールがハマれば、『どエライさん』のロケも行きたいと言ってますよ。

大悟　いっくんみたいな人が行ってくれるほうが、なんかおもしろいけどな。そういうイメージないやん、ロケ行ってる。

ノブ　そうやなー。どこ行きたいかな。世界はけっこう行った？

山崎　そんなに僕は行ってないです。

大悟　だって、ワシらが世界行って、「この土地でみんなに感謝したから、ワシとノブで漫才しましょうか」言うたって、言葉が通じんから恩返しができひんよ。いっくんの場合、そこで感じたものを歌いだすとか、もうすごいいいやん。

ノブ　そうやなー。たしかにそれは見えるな。

山崎　アメリカに1年だけ留学してたんですよ。そこを訪ねていったのは、『アナザースカイ』（日本テレビ系）でありました。

ノブ　いいねえー！

山崎　そのときは歌いました、感謝の気持ちを。「You Raise Me Up」という楽曲で。

大悟　ああ、「You Raise Me Up」ね。

ノブ　知らんやろ、絶対に！

山崎　え、知らないですか？

ノブ　知らん、「You Raise Me Up」わからないな。

大悟　ちょっとその、なんとなくワシらがわかるフレーズのとこだけ（歌って）。

山崎　（「You Raise Me Up」の出だしを歌う）

大悟　あー、なんかの映画で……。

山崎　結婚式場とかで流れたりするんですよ。知らないですか？

ノブ　ええー？　わからん。

山崎　知らない!?　ええ？「You Raise Me Up」知らない人いるの？　けっこう有名ですよ。岡山では流れてないのかな。

「かしこ」グランプリ

KASHIKO Grand Prix

主に女性が手紙の文末に敬意を込めて使う言葉「かしこ」。その「かしこ」の美しさを競う番組企画「かしこグランプリ」を紙面で開催！　番組で募集したリスナーみなさんの直筆「かしこ」から、厳正な審査のもと、入賞、銅賞、銀賞、金賞、そして殿堂入り作品を選びました。

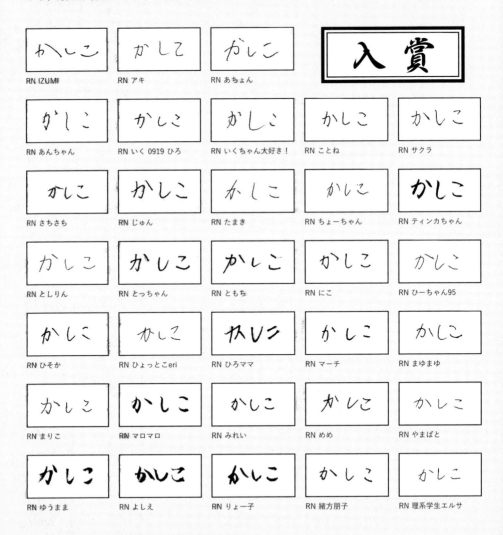

入賞

かしこ RN IZUMI	かしこ RN アキ	かしこ RN あちょん		
かしこ RN あんちゃん	かしこ RN いく 0919 ひろ	かしこ RN いくちゃん大好き！	かしこ RN ことね	かしこ RN サクラ
かしこ RN さちさち	かしこ RN じゅん	かしこ RN たまき	かしこ RN ちょーちゃん	かしこ RN ティンカちゃん
かしこ RN としりん	かしこ RN とっちゃん	かしこ RN ともち	かしこ RN にこ	かしこ RN ひーちゃん95
かしこ RN ひそか	かしこ RN ひょっとこeri	かしこ RN ひろママ	かしこ RN マーチ	かしこ RN まゆまゆ
かしこ RN まりこ	かしこ RN マロマロ	かしこ RN みれい	かしこ RN めめ	かしこ RN やまばと
かしこ RN ゆうまま	かしこ RN よしえ	かしこ RN りょー子	かしこ RN 緒方朋子	かしこ RN 理系学生エルサ

RN いく
かしこ

RN いおりねえ
かしこ

RN あきあき
かしこ

RN yoco
かしこ

RN Ryo
かしこ

RN miki
かしこ

RN megu★
かしこ

RN かんちゃん
かしこ

RN かりん
かしこ

RN かしこ
かしこ

RN いつもこころはいっくん
かしこ

RN いくなお
かしこ

RN いくとも ゆき
かしこ

RN いくさみ
かしこ

RN サミー
かしこ

RN こんぺいとう
かしこ

RN こっとん
かしこ

RN げっこう
かしこ

RN ケイティ
かしこ

RN くりん
かしこ

RN きょうこ
かしこ

RN なおみん
かしこ

RN とみーまみー
かしこ

RN ちびすごさぶろう
かしこ

RN たいちゃん
かしこ

RN そうま
かしこ

RN すみちゃん
かしこ

RN さわち
かしこ

RN みちゃこ
かしこ

RN まりちゃん
かしこ

RN まっちゃん
かしこ

RN まこまこ
かしこ

RN ぴのまま
かしこ

RN はっちゃんママ
かしこ

RN は〜と♡
かしこ

RN よちこ
かしこ

RN ゆみこ♡1936
かしこ

RN ゆきっぺ
かしこ

RN もちふ
かしこ

RN メロン
かしこ

RN めめ
かしこ

RN みちゃん
かしこ

RN 蜜柑
かしこ

RN 竹千代
かしこ

RN 初かしこ
かしこ

RN 間瀬洋子
かしこ

RN りんこりん
かしこ

RN ラッキーカラーは赤
かしこ

RN よんたま
かしこ

銅賞

RN ずんだママ

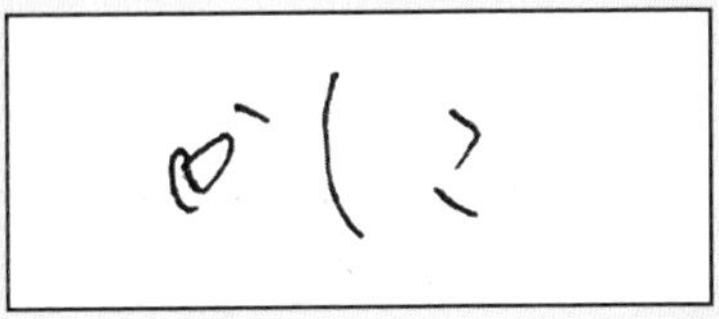

RN あやこさん

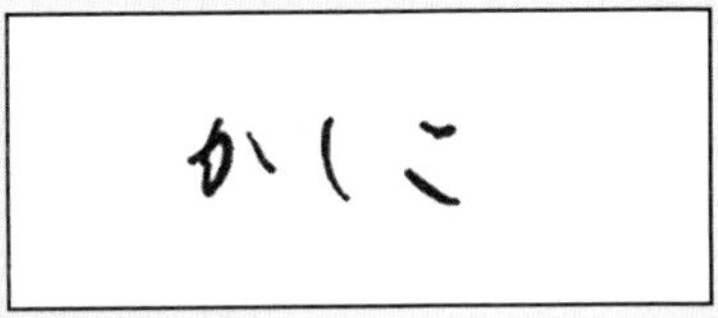

RN なっつん

銀賞

RN ぴかりん

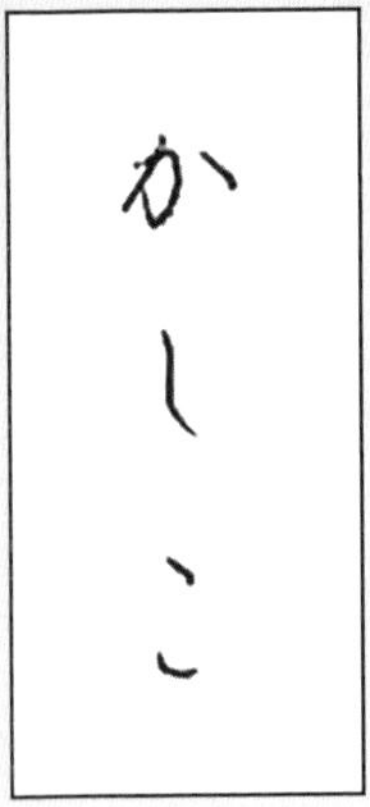

RN ともすけ

RN めぐみ

金賞

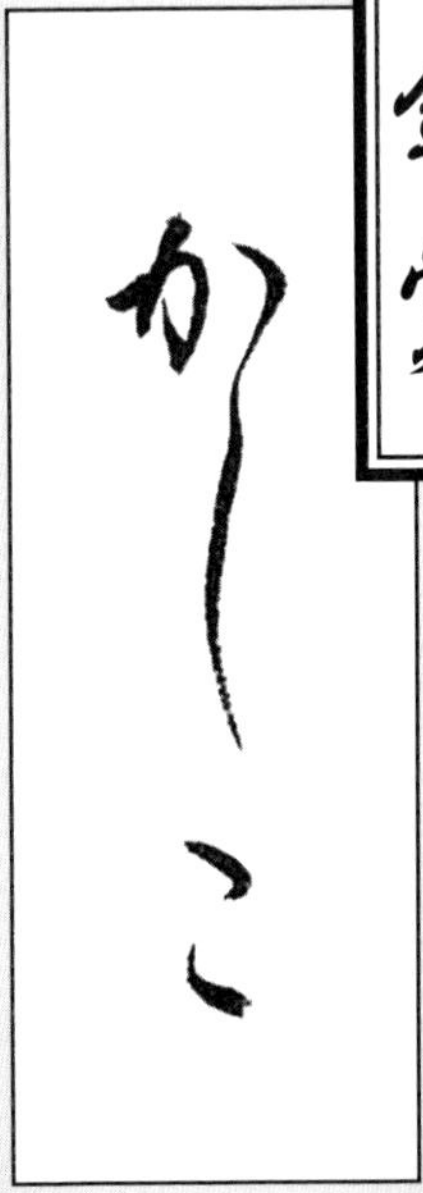

RN せんか

殿堂入り

RN tokko

総評

山崎育三郎

みなさん、本当に達筆ですね。感動しました。ひらがな3文字なのに、みんな違った「かしこ」になっていることに驚きました。「し」がポイントで、「か」で力を入れ過ぎず、いかに「し」へと持っていくか。また、「し」の流れのまま「こ」をどう収めるか。そのあたりのバランスが大事なんでしょうね。上位の方々は、うますぎて可笑しさすら感じるレベルでした。僕は拙筆なので、字がきれいな人への憧れがあるんです。こんなにきれいな字を書く方がファンに多くいるとわかり、身が引き締まる思いです。

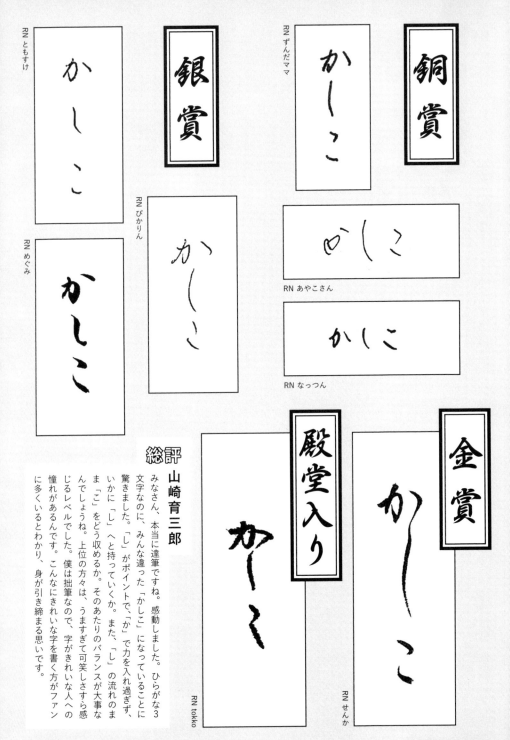

TALK ESSAY

1936のワーク

仕事の裏側については、質問があって答えていることが多いと思います。「努力してます」とかって、自分からはあまり言いたくないというか、ストイックに見られるのが嫌なんですよね。頑張る姿は人に見せるものじゃないと思うので、恥ずかしいんです。むしろ、ノリさん（木梨憲武）とか、所（ジョージ）さんとか、遊んでいるかのように仕事をしている大人に憧れます。（山崎）

1936's Work

ミュージカルとドラマで違うセリフの覚え方

僕の場合、セリフを覚えるのにとても時間がかかるので、ドラマの現場ではとにかく台本をしっかり読んでセリフが出るようになってから現場に行きます。

運転がすごく好きなので、台本や歌詞を覚えるときはドライブをすることも多いですね。停まってるときに台本を見て、車が動いてるときにそれをブツブツ言うっていう。あと、スマホに相手役のセリフを録音して、それと対話したりもしてます。セリフを覚えるのって本当に苦しいんですよ。みんなもやってみてほしい。平気で20～30ページ覚えなきゃいけないときもあるわけじゃないですか。舞台だったら台本全部だし。

僕の持論なんですけど、子どものころにたくさん勉強した人は台本を覚えるのが早い。例えばフラッシュカードとかで赤ちゃんのころから覚えるトレーニングをしていると、脳の記憶する部分が鍛えられていくって聞いたんです。だから、そういうのをやっている役者さんは、台本を見ただけでパッと覚えられちゃうらしいんですよ。「もう最悪、まったく覚えてない」って言いながらメイク中に全部覚えちゃう人っているんですよ。僕からしたら、考えられないです（笑）。

僕も子役からやってたけど、舞台出身なのでちょっと違うんです。舞台だと、1カ月くらい稽古があるので、その間に何回もセリフをしゃべって動きながらやるんで体が覚えていくんですよ。だからドラマとは違うかな。ドラマの場合は、数日前に台本ができあがることもあるし、撮影も時系列バラバラでやるんです。そんな状態で撮ったものが、全国の数百万人に届く。怖くないですか？　だからある意味、映像の世界って舞台よりも生モノなんですよ。

あと、現場で急にセリフが変更になるみたいなのは苦手。けっこう長ゼリフがカットになって、全然別のセリフに変わってる、みたいな。それをメイクしながら覚えるなんて。「ウソでしょ？　この1週間返せ……」って（笑）。

いちばん大変だったのは、やっぱり落語ですね。ドラマ『昭和元禄落語心中』（ＮＨＫ）で落語家役をやらせていただいたときに、古典落語を8演目覚えなきゃならないとなって、初めて泣きそうになりました。その時期、ミュージカル『モーツァルト！』もやってたので、モーツァルトの格好しながら「開けてくれ開けてくれ！」とか、袖でブツブツ言って覚えてました。

ミュージカルはアドリブで芝居することはほとんどないですね。やっぱり台本があってそのなかでお芝居をしていくので、アドリブでやるっていうのはないんです。バラエティーで「ちょっとミュージカルふうに何かやってください」とか言われてアドリブをやることは多いんですけど。

セリフは僕も噛むよ？　特にプライベートでは気が抜けてるんで、よく噛みます。ただ、噛まないようにする方法はあります。これは舞台をやっている方は知っている知識なんだけど、自分のセリフを全部母音だけで言う練習をするんです。例えば「育三郎」なら、「い・う・あ・う・お・う」みたいな。こうやってハッキリ母音だけでしゃべる練習をすると、自分で言いづらいセリフがスラスラと言えるようになるはず。この方法は有名な劇団でもやっていることなんだけど、自分のセリフを母音だけで書いて、それを何度も読む練習をしたら噛まない。これはやってみてほしい。

セリフを忘れることもあります。ミュージカルで歌っていて、突然「なんだっけ？」って思う瞬間はありますね。でもミュージカルだと、セリフを忘れてしまうとオーケストラがどんどん先に行ってしまうので、大変なことになってしまうんですよ。芝居だと、誰かがアドリブでフォローしてくれたりしてもとに戻せるんだけど。

日常生活でも役に立つ！　プロの技

喉も筋肉なんですよ。だから筋力トレーニングと一緒で、声をキープするためには定期的に声を出さないとダメなんです。マッチョの方も筋肉をキープするために定期的にトレーニングされてるじゃないですか。僕もやっぱり1週間歌わなかったら、自分の中でちょっと違和感を感じるので、1日1回は発声というか歌を歌うようにしてます。筋肉に忘れさせないように声を出すってことはやっているので、数カ月出さないっていうのはリスクがある気がしますね。

ある演出家から言われたことで、いまだに大事にしてることがあるんですけど、実はお客さまの前とか大人数の前でしゃべるときは、必ずひとりの人の目を見てしゃべってるんです。帝国劇場とか武道館みたいに1万人とか5000人、2000人とか、そういうすごく大きな会場でもそうしてます。

例えば「私は、とある施設でガイドをして」っていうフレーズがあったとき、そのフレーズをひとりの方の目を見て言う。で、次の「お客さまの前で施設の説明をする仕事をしています」というフレーズでは別の人の目を見る。その次の行を読むときはまた違う方の目を見て……というようにフレーズごとに誰かターゲットを決めてその方の目を見てしゃべっていくんです。

ひとりの人に明確に伝われば、2000人でも5000人でも、ほかの人にも伝わるんです。だけど2000人みんなに伝われと思って、「私は、とある施設でガイドをしていま～す、なんとかで～す」ってやってると誰にも届かないんですよ。なので、必ず誰かひとりの目を見てしゃべっていく。これ、めちゃくちゃポイントだと思います。

人前でしゃべる仕事をされる方とか、立場的に会社の会議とか発言する方にも通じると思います。学校の先生もそうです。

人と話すときに大事なのは、自分のダメなところを先にさらけ出したりして、相手に隙を見せることですね。相手にガンガン質問したりするより、自分が開放しているスタンスを見せるというか。僕も「プリンスです」とか言ってるのもあって、わりと相手の方に緊張されてしまいがちなんですけど、話してみると「こんなにふざけるのね」となることが多いです。

もともとはすごく人見知りするタイプだったんですけど、人にどういうふうに思われるかってことが気にならなくなってきたのかな。「いい子でいたい」と思うと緊張してしまうと思うんです。でも年齢を重ねると、自分がいいなと思う人と一緒にいるだけでいいやと思えるようになるし、みんなに好かれるっていうのはやっぱり難しいから。まずさらけ出しちゃうところからかな。

あと、子どものころからテレビを観てきた中で、ドラマよりも何よりもバラエティーを多く観てきて。なかでも観ていていいなと思えるのが、呼び捨てしたくなるような人。「タモリ！」とか「岡村！」と言われているような人たちが、どこか自分が目指しているところで。とにかく身近に感じてもらえるように見せるっていうのは、テレビに出はじめてから特に意識したところかな。

YouTubeで発声方法を教えてくれる動画とかはよく見ます。クラシックのイタリア歌曲とか、音大生時代に勉強した楽曲の伴奏を弾いてくださっているアーティストの方の動画もあるんですよ。だからそれに合わせて歌って、発声練習の代わりに使わせていただいたりしますね。カラオケもあったりして、それで歌ったりもしています。YouTubeって本当に最強だと思うんだよね。

自分で作詞・作曲した楽曲をアップしたら、すごい動画再生数になったみたいな子がいるけど、大手のレコード会社の方が「いい歌だ、すごい」ってスカウトしたら「いや、入りません。メジャーデビューする必要ないですから。YouTubeのほうが稼げるし、自分でライブを企画したほうがいいし」って。今はそういう子が多いらしい。

でもYouTubeに負けないのはやっぱり、ミュージカル、ライブですよね。足を運んで、空間を一緒に味わうっていう、それはこれからも唯一変わらないエンターテインメントだと思う。ステージで輝ける人っていうのは、とても大事にされていくだろうし。僕もそこでちゃんとできる人になりたいなと思いつつ、YouTubeは常に気にしていますね。

配信もやりましたけど、目の前にいるお客さまにしか伝わらないものもあるんだなということを感じました。ライブにかなうものはないなって。映像で伝わらないものってあるんですよね。もちろんアップになったり、配信ならではの良さもあるんだけど、その場所にしかない空気感というものがあって、それを共有できる素晴らしさというか。

自粛期間は僕も人前に立てない期間があって、そのあとに大勢のお客さまの前に立った瞬間に「これだ、これ!」って感動しましたね。これは取り戻さなきゃダメだって思いました。

ラジオで明かした公演への特別な想い

ミュージカルは基本的には1幕2幕の間に休憩があるんですけど、その時間に何をしてるか。僕は楽屋に戻って衣装を全部脱いで、カツラも一度取ってる。汗だくなんでまず体をタオルで拭いて、髪も濡れているのでドライヤーで乾かしてすっきりした状態になる。リセットしてから、もう一度スタートラインに立つみたいな。そうしてると20分ぐらいすぐに経っちゃうので、ほかのキャストの方と話したりする時間はないですね。

あと、休憩中はお水を飲んでますね。基本的に僕、スポーツ飲料水とお水を持ち歩いてるんですけど、だいたい500ミリリットルのペットボトル2本は1幕の間に全部飲んじゃう。本番中に袖にはけるたびにずっと飲んでるんです。

いちばん喉にいいのは、やっぱり水分をとることなんですよ。だから体内の水分を保つために、喉が渇いてから飲むんじゃなくて常に水分をとってます。喉がイガイガするとか乾燥するとかっていう人は、意識して水分を補給するだけでも治ったりすると思う。とにかく本番中は水分をとってますね。


森山直太朗さんと作らせていただいた「君に伝えたいこと」をコンサートの最後に歌っていたときには、皆さんが送ってくださった写真がオーケストラのバックにあるスクリーンに出てくるようにしていました。皆さんから「今は会うことができないけど、自分の感謝を伝えたい方」の写真を募集しまして、そちらを使用させていただいて。僕はそれを背負いながら歌ってるんですけど、実はこの写真の中にも僕にとっての大切な人、それこそ高校時代は一緒に住んでいた祖父母の写真とかも入っています。

前にカバーさせてもらった「高校三年生」や僕が出演していた朝ドラ『エール』で歌った「高原列車は行く」っていう楽曲があるんですけど、その作詞をされたのが丘灯至夫さんという方で、

（『エール』の主人公のモデルの）古関裕而さんと同じ時代を生きた作詞家の大先生なんです。その奥様がノブヨさんというんですけど、実は交流がありまして、僕が「高校三年生」を歌ったり、朝ドラに出たときに、ご縁があるっていうことでお手紙をいただきまして。僕がその手紙に感動して、直接お礼を言いたいなと思って、急だったんですが会いに行ったんですよ。そのときはもう老人ホームにいらっしゃって、そこへ伺ったらご本人もびっくりされてたんですけど、一緒に写真を撮って、感謝の念を伝えました。「高校三年生」や朝ドラの件もあるし、本当に縁を感じていたので。その後もノブヨさんは応援してくれていて、僕が出る番組は全部観て、お電話をいただいたりしていたんですよ。

そのノブヨさんが、実はお亡くなりになって。僕としては本当につらくてショックだったんですけど、お別れに行けました。通常だとなかなかオフがないのに、たまたまその日は時間が空いていて、葬儀にも参列し、きちんとお別れができました。そのときも家族のみなさんが「本当にうちの母は最期、育三郎さんが生きがいで、育三郎さんのことが大好きで」って言ってくださって。涙が止まらなかったんですけど、最後も僕のグッズやＣＤ、写真など、全部胸の上に置いてくださいました。

だから、僕の歌を届けたいという想いで、実はノブヨさんとの写真もそのコンサートに出てきているんです。

ミュージカルでは全公演を録音

昔から舞台やミュージカル公演のときは、終わってから自分の歌声を客観的に聴きたくて全公演録音してるんですよ。昔は楽屋のスピーカーのところにレコーダーを置いてから舞台に立ってました。今になってデビュー当時の『レ・ミゼラブル』のマリウスの声とかを聴くと、「こんな声だったんだ」と思ったり。ちょっと恥ずかしいようなパフォーマンスをしてたりもするけど、録っておいてよかったと思う。

「7382」っていうんですけど、映像は表情だったり。画の力が大事だから、7〜8割が画面からの情報。だけど舞台はアップになったりしないので、7〜8割が音からの情報。お客さまは耳から入るニュアンスとか表現で情報を得ているので、大事なのは音なんですよ。だから、今でも終わってから録音したやつをチェックしてます。

嫌なことが書いてあったら嫌だから、SNSで自分のことや評判は調べないタイプかな。良いことだけ書いてあるなら見るけど。でも、そもそもそういう声はあんまり気にならないタイプかも。嫌な言葉が目に入っても「ふーん」で終わる。自分がどういう気持ちで挑んでいるかを大切にしたいし、いろんな情報が入ってくると混乱することもあるから。

大人になってからミュージカルデビューした作品がクワトロキャストだったので、同じ役を演じる人が僕を含めて4人いたんですよ。その4人の中で僕は一番下っ端だったし、皆さん上手くて。それでもやっぱり比べられる。そしたら演出家の方から、「ほかの3人が稽古しているときは来なくていい。とにかく自分とだけ向き合いなさい」と言われて。ほかの人の芝居を見てしまうと、「もっとこういう風にお芝居したらいいのかな?」とか迷うし、自分がやりたいことができなくなるからって。とにかく自分と向き合わないと苦しむのかなと思います。

テレビのお仕事だと、自分が出たドラマは観ます。ただ、バラエティーは観られないこともあるかな。単純にあとで「そういえば出てたな」って気づくことが多くなってきたというか。出始めのころは観てたんですけど、最近は観れないことも多い。だけど、ハードディスクに「山崎育三郎」と入れてるので、僕関連の作品はどんどん録画されていきますね。

「どういうときに売れたと感じますか?」ってよく聞かれるんですけど、自分じゃ実感ないんですよ。コロナの時代に入っちゃったから、みんなマスクしてて気づかれないし。

ただ、周りから連絡がこなくなったかな。2015年の『下町ロケット』(TBS系)でドラマに出始めたころは、放送されるたびに「観たよ」とか「すごい」といった連絡があったんですけど、今は誰からもこない。もう僕がテレビに出るのはなんでもないことになったということだと思うんですけど、それってもう認知していただけてるってこととイコールなのかなって。だから、「観たよ!

出てたね」とか言われなくなった瞬間からですかね。

ミュージカル俳優になるには？

インタビューとかでよく「どうしたらミュージカルで活躍できますか？」って聞かれるんですけど、最初に思い浮かぶのは、運が良かっただけ。本当にそう思っています。

ただ、それだけじゃなくて、歌とお芝居とダンスができなきゃいけない。この3つは急にできるようになるものじゃなくてトレーニングが必要だから。自分の場合は子どものころから毎日レッスンをやっていて、練習をしなかった日はなかったんです。ピアノを始めてからは、学校にこもって何時間も毎日練習していたから、やっぱりそういう技術を磨く時間を持たないとミュージカルはできないです。

だから、ミュージカル俳優はアスリートのようにストイックな人が多いですね。でも、その3つをちゃんと練習しておいたことで、僕の場合は今、ミュージカルの歌の部分だけで歌手としてコンサートをやらせてもらったり、芝居のところだけでドラマに出たり、いろんなジャンルの仕事にチャレンジできてる。なので、ミュージカルを目指すことで、エンターテインメントのいろんなジャンルで輝ける可能性が開かれると思うんです。

あと、恋愛に限らず、人生の経験がお芝居に滲み出てくると思うので、ミュージカル俳優になるなら経験豊富なほうがいいですよね。

役者って「なんでこの人はこうなったのか」って深いところから掘り下げていくので、人間観察をするとか、想像力を膨らませていく作業も大事なんです。


歌がうまい人は、基本的に耳がいいですよね。だから、ものまねもできるかもしれない。僕も人の声質が気になるタイプなので、自分で上手だと思ってるわけじゃないけど、河村隆一さんとミュージカルで共演したときに聴いていた歌い方は100回以上ものまねしてる。あとは、歌じゃないですけど、えなり（かずき）さん。ビートたけしさんもできますよ。高校のときの社会の先生のまねとかも。高校時代の友達は爆笑しますよ。

KARAの知英ちゃんもものすごく耳がいいんですよ。彼女は韓国語、日本語、中国語、英語を話すんですけど、耳から覚えていったんだって。耳がいい人って歌もうまいし、外国語を覚えるのも早いと思う。

僕も英語を覚えるとき、勉強しても全然入らなかったから、音から入りました。友達が「What are you doing now?」って言ったときに「タタタタンタンタン」って聞こえるんですよ。だからそれを音として覚えてました。耳で覚えてたから、しゃべれるけど文字では書けないってことがよくあったけど、耳がいい人は外国語を自分のものにするのも早いと思う。

20代半ばはミュージカルをメインにしていた時期なんですけど、帝国劇場で『ダンス・オブ・ヴァンパイア』に出演していました。あと、青山劇場でやった『コーヒープリンス1号店』では、高畑充希ちゃんとダブル主演を務めました。もう充希はね、テレビで大女優になりましたけど、当時はそんなに出てない時期で。あと『ミス・サイゴン』のクリス役。

いや、このころは自分がテレビに出ていくなんて想像もしてなかったですね。25〜26歳から、ミュージカル界という自分が今いる世界のことも少しずつ見えていって、ガムシャラにやっていたところから変化していってることを実感できる年齢になったなと思った。後輩も少しずつできてきたし、おもしろくなってきた時期というか。ミュージカル界を楽しめるようになってきたころだったかな。

でも、20代ってどういうふうに過ごしたらいいのかな。自分の場合は「失敗してもいい」と思っていましたね。「もっとやれ」とは絶対言われたくなくて。ミュージカルの稽古なんかでも、演出家の方に「もっと」と言われることはやりたくなくて「そんなにやるな」とか、「そうじゃなくて、こっちの方向で」って言われるように、とにかく挑んでいく。自分が何者かもわからないし、どういう表現ができるか、どんな役者かということもないので、とにかく前へ前へというのを心掛けていたかな。

あとは、少しでも興味が湧くものはなんでもやってみる。そんなところかな。30代は30代のおもしろさがある。20代で挑戦して恥をかいた経験が多ければ多いほど、30代では楽しいことが待ってるような気がする。

THIS IS IKU
2018-2022
LIVE REPORT

「山崎育三郎のI AM 1936」から生まれたライブイベント「THIS IS IKU」。これまでに4回開催され、毎回、山崎育三郎の音楽ライブだけでなく、多彩なゲストとのスペシャルなコラボレーションが披露されている。そんな“究極のエンターテインメントショー”の歩みを、ライブ写真で振り返る。

©旭里奈

2018
THIS IS IKU

2018年10月13日（土）＠東京国際フォーラム ホールA

©旭里奈

城田優とは「世界の王」「闇が広がる」を披露したほか、リクエスト楽曲に応える企画も

1936's Comment

番組開始1年半でこんな大きなイベントができたことに感謝でしたし、思い入れのあるゲストの方々が駆けつけてくれて、最高のスタートが切れましたね。

城田優とは、若手時代に一緒にミュージカル界を広げていった戦友なので、そのきっかけとなった『ロミオ&ジュリエット』の曲を歌えたことは、印象深かったです。

山崎家にとってのスーパースター・龍玄とし（Toshl）さんと一緒に歌えたことはもう一生の宝です。Toshlさんをお姫様抱っこしたら、足をバタバタしていたのも忘れられないですね。

水谷千重子さんはコンサートを観にいくくらい大好きなんですけど、「THIS IS IKU」の幅が広がるスタートラインになってくれたと思います。

ミュージカル界に現れたプリンセス・生田絵梨花さんも、一緒に壁を壊した戦友みたいな存在で、彼女にこのタイミングで出演してもらえたのは、すごく大きなことでしたね。

歌手の水谷千重子も登場。なんと山崎とともに「Choo Choo TRAIN」を熱唱

©旭里奈

生田絵梨花とは、ともに出演経験のある『ロミオ＆ジュリエット』の楽曲を歌い上げた

©旭里奈

山崎にとっても思い出深い楽曲を、龍玄とし（Toshl）のピアノで

2019

THIS IS IKU 2019 ～男祭～

2019年10月11日（金）＠東京国際フォーラム ホールA

男性ゲストのみの「男祭」のトップを飾ったゲストは、超特急

秋山竜次（ロバート）と山崎は、CHAGE and ASKAになりきって「YAH YAH YAH」を熱唱

1936's Comment

2回目で、アーティスト、アイドル、芸人と、ジャンルの異なる方々に集まってもらうスタイルが定着した気がします。たくさんのミュージカル俳優の卵たちによるコーラスも圧巻でした。

超特急は、僕が出演したドラマの主題歌を担当していたんですけど、歌とダンスでコラボできたのは、アイドルグループのメンバーになれたような楽しい経験でしたね。

龍玄とし（Toshl）さんにまた出ていただけて、誕生日をお祝いできたこともいい思い出ですね。

あとは、やっぱり秋山さん。「トゥトゥトゥサークル」という、自分がテレビでずっと観てたネタを一緒にできたのは、うれしかったです。ステージにいる間、常に笑ってたな。

情感たっぷりにピアノを弾きながら歌ったソロパート

昭和音大の学生たちのコーラスをバックに、ミュージカルナンバーを歌い上げる豪華な演出

アンコールでは、ゲストたちとともに「お祭りマンボ」「Beginning」を

ライブ前日に誕生日を迎えた龍玄とし（Toshl）をステージでお祝いする一幕も

今回は「IKU AWARDS 2020」と題して、山崎がゲストへの思いを賞に託した。森山直太朗は「最優秀音楽賞」を受賞

「最優秀お笑い賞」を受賞した千鳥は、山崎とまさかの漫才でコラボレーション

山崎は「TOKYO」「Get yourself」「I LAND』でオープニングを飾る

2020 THIS IS IKU 日本武道館

2020年11月7日（土）＠日本武道館

山崎と森山が出演した朝ドラ『エール』で、山崎演じる佐藤久志の子ども時代を担当した山口太幹も登場

アンコールではJPも含むゲスト全員で、『エール』にちなんだ「栄冠は君に輝く」を大合唱

1936's Comment

3回目にして日本武道館。すごいことですよね。千鳥さんとは番組でご一緒してからよくしていただいていて。お笑い界のトップを走るおふたりと武道館で漫才ができたことは、本当に特別な時間で感動しました。

朝ドラで共演した森山直太朗さんとも、武道館で「さくら」を歌うことができるなんてね。本当に大きな出会いで、「君に伝えたいこと」もこの場が初披露だったんですよ。その朝ドラで僕の幼少期を演じてくれた山口太幹くんもサプライズで登場してくれて。

あとは、元宝塚のトップスター・明日海りおさん。宝塚で『エリザベート』のトートを演じられていて、僕も同じ役を演じる予定がコロナで公演中止になっていた時期だったので、このイベントでトートとしてコラボできたことで、熱いステージになりましたね。

明日海りおは、「最優秀トップスター賞」受賞も納得の圧巻のパフォーマンスを披露した

日本武道館に集まったお客さんたちと記念写真

山崎が自ら受賞したのは、「最優秀エンターテイナー賞」

2022

THIS IS IKU ～CONGRATULATIONS～

2022年1月22日（土）＠東京国際フォーラム ホールA

山崎は憧れのCHEMISTRYとステージに立ち、「CHEMISTRYになりたい」という夢を叶える

3時のヒロインとは、残念ながらゆめっちは不在となったが、渾身の歌とコントを披露

山崎と愛希れいかによる、ミュージカルナンバーのほか、HY「AM11：00」の貴重なデュエットも

1936's Comment

僕の36歳のバースデーイベントというかたちにしていただきましたが、やっぱりフライングで宙に浮かんだのは印象深いし、楽しかったですね。

3時のヒロインは、ゆめっちが体調不良でお休みされたのが残念でしたが、それを感じさせないパフォーマンスをしてくれて。本当に相性ぴったりだなと実感しました。

学生時代からのファンだったCHEMISTRYさんの登場は、個人的にはいちばん胸が熱くなった経験です。まさかおふたりと歌う日が実現するとは。学生時代の仲間も、震えるぐらい感動したって言ってましたね。

愛希れいかさんはミュージカル界のトップを走る女優さんですが、その愛希さんがポップスを歌う姿を見られるのも、「THIS IS IKU」ならでは。ラジオイベントだからこそできたことだと思います。

山崎がステージ上からフライングで登場する場面には、大きな歓声が上がった

久々の「THIS IS IKU」に、山崎の歌にも熱がこもる

アンコールでゲスト全員とともに熱唱した「また逢う日まで」

GUEST TALK

箕輪はるか（ハリセンボン）

2022年7月2日・23日放送

箕輪はるか（みのわ・はるか）
1980年1月1日、東京都生まれ。NSC東京校で出会った近藤春菜と2003年にハリセンボンを結成。『M-1グランプリ2007』で初めて決勝に進出し、その後テレビを中心にブレイク。2022年6月25日に放送された「まっちゃんねる」（フジテレビ系）内で開催された「IPPON女子グランプリ」で優勝し、初代チャンピオンとなる。

お笑い芸人を目指すきっかけは誰ともしゃべらなかった4年間

山崎　はるかさんがお笑い芸人を目指そうと思ったきっかけって何だったんですか。

はるか　子どものころからダウンタウンさんの『ごっつええ感じ』（フジテレビ系）とか、ウッチャンナンチャンさんの番組とかコントを見ていてお笑いってすごいなと思ってたんですけど、自分にできるとは思っていなくて。だから就職しようと思って、大学に行ったんですけど4年間通ってひとりも友達ができなかったんです。

山崎　ひとりも？　4年間、何されてたんですか。

はるか　サークルとかにも入らず、授業終わってすぐ帰る、みたいな。

山崎　何があったんですか？

はるか　自分で壁を作っちゃってたんですね。だけどそのころ、鬱屈した気持ちが溜まってたから変わらなきゃと思って。せっかくだからお笑いが好きな人の中に飛び込んでみようと思って大学を卒業してから吉本の養成所に入ったんです。

山崎　同じ趣味の人の中なら友達もできるんじゃないかと思ったんですね。

はるか　はい。そしたらそこに相方の（近藤）春菜がいて、コンビ組むことになって。

山崎　どっちから声をかけたんですか。

はるか　一応、春菜に声をかけてもらったんですけど、私たち以外の子はみんなコンビを組んでて、ふたりだけが余っちゃってた状態で。「とりあえず組んでみよう」で組んだコンビなんです。

山崎　養成所にはネタ見せとかもあると思うんですけど、4年間も人としゃべらなかった人が急に人前に立って笑わせるって、できるものなんですか。

はるか　なんかおとなしそうに見えるので、急に大きな声出すだけでウケたんですよ。「なんかあいつ、大きな声出してる」って。だからギャップを生かせば笑わせることができるかもしれないと思いました。

山崎　ふたりのブレイクのきっかけは何だったんですか。

はるか　2年目のときに、オーディション番組だったんですけど、初めてテレビに出させていただいて。それは木梨憲武さんがMCでいらっしゃって、おもしろい若手を発掘しようという番組だったんですけど、そこで最終的に10組が残ってコント番組を始めようってやつだったんです。

山崎　2年目でもうレギュラーが決まったんですね。

はるか　何もできない状態だったのに、運よくそこに入らせてもらえたので、ありがたかったですね。

山崎　はるかさんが好きな番組のスタイルとかあるんですか。ひな壇とか、コント番組みたいな。

はるか　ひな壇は全く向いてなくて。とにかく自分から入っていかないといけないじゃないですか。私も最初のころは「ちょっと、ちょっと〜」とか言ったりしてたんですけど、全然声が届かなくて。あと、反射神経もよくないので、みんながツッコミとかで立ち上がる瞬間に私だけ座ってる、みたいなときとかもあって。

山崎　春菜さんと一緒だったらって感じですか。

はるか　そうですね。春菜がいればワーってやってくれるので、ニコニコしてるって感じですね（笑）。

スペースシャトルと同じ前歯？

山崎　はるかさんもやぎ座のA型ということで僕と一緒じゃないですか。

はるか　一緒なんですか。ちょっと奇遇ですね。

山崎　そして、「歯が特徴で、出っ歯に加え前歯のうち1本が、小学生の時に転んで歯を打った時に神経が死んでおり、黒ずんでいる」と。ウィキペディアをそのまま読んだんですけど、これ、なんですか？

はるか　前歯の情報が書いてあるんですね。

山崎　治ったんですか。

はるか　今は治って白くなってます。

山崎　折れなかったんですか。

はるか　折れなかったんですけど、だんだん黒ずんできちゃったんです。

山崎　そんなことってあります？　歯って打ったら折れたりするんじゃなくて、黒くなっていくんですか。

はるか　なんか神経が死んでしまったらしくて、黒くなるんですよ。

山崎　それは抜いたんですか。

はるか　はい。今は差し歯を入れたのですごく丈夫です。これ、スペースシャトルの外壁と同じ素材を使った前歯なんです。だから私は宇宙に行ったら体はバーンてなるんですけど、歯だけはあり続けるっていう。

山崎　ハハハハハ。前歯だけは生き続けるんですね。そして趣味でミニカーを80台以上所有しているとのことですが、トミカですか？

はるか　トミカの中でも働く車が好きで、普通の乗用車はそんなに興味がないんですけど、ショベルカーとかを集めてます。

山崎　うちもめちゃくちゃありますよ。子どもが好きで。

はるか　そうなんですか。話が合いそう。

山崎　今は何台くらいあるんですか。

はるか　１００台くらいはあると思うんですけど、本棚にバーッと並べてます。

山崎　どういうところが魅力なんですか。

はるか　やっぱりそれぞれに役割があって、その役割ごとに個性的な形をしているのが好きなんですよね。

山崎　眺めるのが好きなんですか。

はるか　眺めて、工事現場みたいな感じにするのが好きなんです。働く車を集めて並べて、現場みたいにして、「お疲れさま」って声をかけたり。ひとりで物語を想像しながら眺めてます。

山崎　実際の工事現場とかトラックも好きなんですか。

はるか　重機も好きで、小型の運転免許を持ってます。本当に運転するのが楽しいんですよ。だからいつか自分のショベルカーが欲しいなって思ってます。

恋愛話を引き出そうとするも……

山崎　夏といえば花火大会だったり、カップルが多くなる季節だと思うんですけど、はるかさんそういう思い出とかありますか。

はるか　あります。養成所に行ってたときなんですけど、夏合宿っていうのがあって。その合宿ではごはんが一発ギャグで対決して勝った人しか食べれなくて、負けたらごはん抜きだったんです。私は勝ったんですけど、食べられない男子とかいましたね。

山崎　ハハハハハ。いや、そういう話聞きたかったんじゃないんですけど（笑）。ちょっと淡いというかドキドキしたみたいな。

はるか　そういうのですね。小学校のときにクラスの出し物みたいなやつで肝試しをやったんですよ。

山崎　結構遡りますね。

はるか　だけど、誰が何をやるか決める日に私が休んじゃって、「井戸の中のお菊さんだよ」っていうのが勝手に決まってたんです。

山崎　いや、そういうドキドキじゃないんですよね（笑）。キュンとした、みたいな。

はるか　そっちか～。ちょっとないですね。

山崎　あ、ないんですか。でも素敵だなとか思うことはあります？

はるか　素敵だなとかはあります。最近はヒュー・ジャックマン好きだなって。なんか紳士だなって思いました。

山崎　ヒュー・ジャックマンですか。『レ・ミゼラブル』の映画のイベントで来日したときにお会いしましたよ。めちゃくちゃかっこよかったです。だから今度ヒューに会ったら言っておくね。

はるか　お友達なんですね（笑）。じゃあ「気になってる子がいるよ」って伝えてください。

GUEST TALK

斎藤 司（トレンディエンジェル）

2019年12月14日・21日放送

斎藤 司（さいとう・つかさ）
1979年2月15日、神奈川県生まれ。2004年にたかしとトレンディエンジェルを結成。2015年、『M-1グランプリ』（ABCテレビ・テレビ朝日系）優勝。アイドルグループ「吉本坂46」で活動したほか、2019年には『レ・ミゼラブル』のオーディションでテナルディエ役を勝ち取り、ミュージカルデビューを果たすなどマルチに活躍。

『レミゼ』オーディションを受けたきっかけ

山崎　斎藤さんがミュージカル『レ・ミゼラブル』に出演したきっかけは、オーディションだったんですか？

斎藤　ガチオーディションです。

山崎　そもそも、なんで受けようと思ったんですか。

斎藤　ずっとスターになりたかったタイプなので、なんでもチャレンジしたくて。でも『レミゼ』のミュージカルはちゃんと観たことがなくて、映画を観たことがあるくらいのレベルでした。

山崎　初めて受けたオーディションで合格して。斎藤さんの出演が決まったとき、僕はビックリしましたよ。

斎藤　ぶっちゃけ、「芸人がくるの？」とは思わなかったですか？

山崎　いや、歌唱力があるのと、キャラクターがテナルディエにハマると思ったんですよ。どういうふうにやるんだろうと、気になって。

斎藤　やってみて思ったのが、ちょっとマジメにやりすぎたかなって。森公美子さんには、最初に「斎藤さんの芸人らしさを出したほうがいいよ」とかおっしゃっていただいたんですけど。

山崎　もともとの芸人の部分は抑えていこうと思ってたんですか？

斎藤　まずは基本をしっかりと作っていこうと。

山崎　めちゃくちゃマジメですね。

斎藤　でも、いい意味でもうちょっと崩すというか、そういうことができればよかったのかなって。

ミュージカル界進出のプレッシャー

山崎　斎藤さんって、全然緊張しないようなイメージがあるんですが。

斎藤　普段はあんまりしないですけど、さすがに『レミゼ』初日は緊張しましたよ。お客さんに「斎藤、どれどれ」と見られるのかなって思っていたし。

山崎　ファンのみなさんはそういう目線で見ているかもしれないですね。僕もマリウスデビューしたてのとき、帝国劇場の楽屋口を出ると長年『レミゼ』を観てきた方に「あそこのシーンはそういう感情じゃないの」ってダメ出しされたし、それが伝統なのかな。

斎藤　ああ……稽古に入る前、番組で共演した髙嶋政宏さんがそういう話をしてて、めちゃくちゃ怖くなりました。

山崎　ハハハハ！

斎藤　だから僕、怖くて、帝劇の横のうどん屋にもあんまり行けなかったです。

山崎　いや、そうなんです。でもやっぱり、ファンの方に育てていただいてますから。プレッシャーもありますけどね。

斎藤　単純に、僕がオーディションに受かることで、誰かが落ちているわけじゃないですか。そこをいちばん気にしていたんです。

山崎　落ちた方の想いまで頑張らなきゃ、と。

斎藤　その方たちのファンが僕を見て「なんやねん！」と思うところは越えなきゃいけないじゃないですか。だからマジメにやっていたところもあります。

目指せ海外！
斎藤さんが抱く野望

山崎　そもそも、トレンディエンジェルの人気が全国区になっていったきっかけはなんだったんですか？

斎藤　やっぱり『M-1（グランプリ）』（ABCテレビ・テレビ朝日系）ですかね。その前もちょこちょこ『エンタの神様』（日本テレビ系）とか『ものまねグランプリ』（日本テレビ系）には出てましたけど、『M-1』の影響は圧倒的に違いましたね。

山崎　それって何年前ですか？

斎藤　忘れもしない、2015年12月6日。あの日、すべてが変わりました。

山崎　斎藤さんは一度就職されていたのに、なんで芸人の世界へ行こうって思ったんですか？

斎藤　マジメな話をしちゃうと、当時、同期のやつが目標を達成できなくてめちゃくちゃ怒られていたんです。それ見て「こんなんで怒られるんだったら、自分の好きなことやって怒られたほうがいいな」って。本当は僕、ジャニーズに入りたかったんで……。

山崎　ジャニーズでもいけますよね。

斎藤　そうですよね、やっぱ。でもまさかの、追い込み馬のように頭がハゲてきちゃったんで。

山崎　テレビで「もともとシャイだった」っておっしゃってたじゃないですか。なぜ、芸人として人を笑わせたいと思ったんでしょう。

斎藤　反動ですよね。シャイですけど、スターになりたかったので。マイケル・ジャクソンみたいな、どこへ行ってもワーキャー言われるような人に。

山崎　歌も上手だから、歌手になる選択肢もあったわけですか？

斎藤　やりたいなと思ったけど、それを始めるには「25歳ってちょっと遅いのかな？」って。漫才はなんとなく、誰でもできるのかなって。クラスでいちおう「おもしろい」って言われてたような経験もあったし、試してみたいと思ったのもあります。

山崎　おとなしかったけど、「おもしろい」と言われていたんですね。そこから、テレビに出始めて。

斎藤　レストランに行くとサービスしてくれたりするようになるじゃないですか。本当、ありがたいですよね。『M-1』終わったときもすごかったですよ。今はだいぶ普通に戻りましたけど（笑）。『M-1』バブルはありました。

山崎　「俺、スターだ！」って思いました？

斎藤　「軽スター気分」は味わいました。

山崎　自分で納得するスターまで、今どれくらいまできてるんですか？　帝劇を経験されて。

斎藤　そうなんですよ！　まさかの『レミゼ』っていう厚みが出ちゃったんで、ビックリしてるんです。

山崎　『レミゼ』って、過去には皇室の方々もご覧になられていますからね。

斎藤　最高峰ですからね。箔がついちゃって、どうしようかなって。

山崎　これからもミュージカルをやっていこうかなと？

斎藤　やっていきたいです。どこまで通用するのかなって。『M-1』優勝が目標でしたけど、もうひとつ夢なのが海外で活躍するってことなので。だから今は洋楽をすごく聴いてます。

山崎　洋楽を？

斎藤　やっぱ海外だとみんな、邦楽の話題がわからないじゃないですか。あと、ピアノも始めたんです。で、全部混ぜたら、どうにかならないかなって（笑）。

山崎　あ、ピアノありますよ！

斎藤　でも、まだ聴かせるほどのレベルじゃないですね、全然……今練習してるのは「ボヘミアン・ラプソディ」なんですけど。

山崎　え、ちょっと、さわりだけ弾いてくださいよ！フレディ・マーキュリー、海外でウケるかも。それ、すごいかもしれない。

斎藤　（「ボヘミアン・ラプソディ」を弾き語りするも途中でつまずく）……ちょっとこのピアノ、調子悪いね？

山崎　ハハハハ！　でも前半のフレーズは弾ける。これはけっこう、本当にやってますね。マジでやって形にしたら、おもしろいかもしれない。

斎藤　狙ってるんです。

TALK ESSAY

1936のフェイバリット

野球とかお笑いとか、好きなものはいろいろありますけど、仕事自体が趣味とリンクしてるというか、ほぼ趣味なんですよ。毎日学園祭の前日みたいな気分で、仕事だけど仕事じゃない、みたいな。仕事から帰ってきても、家で歌ってますし。それに、やっぱりステージ上で5000人近いお客さまが「わー！」って喜んでくださる、そのエネルギーを受けていると「こんな幸せな空間はない」と思いますね。（山崎）

1936's Favorite

好きなもの、苦手なもの

好きな食べ物は、ラーメン。好きなラーメンだったら、行列にも並んじゃうかもしれない。最近も撮影の合間とかに行きましたよ、食べログで3・5以上のものを見つけて。でも、ドラマ中は基本的に炭水化物を一日に1回にしてるから、朝か昼のどっちか。

夜に炭水化物を抜くのは、前からやってて。「酵素玄米」っていうのがあって、専用の炊飯器で炊いて保温しておくとどんどん栄養が溜まるし、満腹感はあるのにすぐ消化されて太りにくいんです。それに、モチモチしてておいしい。ドラマ中はおにぎりにして現場に持っていって、お弁当のおかずだけ食べて、代わりに酵素玄米を食べるっていうのは、やってますね。

食べ物を作ることにも興味があります。国分太一さんが畑を持っていて、DASH村じゃなくプライベートでもやってて、そこに子どもたちと遊びに行かせていただいたりしてるんです。土に触れるのはすごく教育にもいいですし、僕も自分でやってみたいなと思いながらできてないんだけど。

好きな野菜は、キュウリです。子どものころなんか、キュウリのお新香が出るとひとりで全部食べちゃって怒られてた。基本的にサラダが好きで、サラダも家でボウルで出たものを、ひとりで全部食べちゃって、「やめなさい」って怒られたな。

サラダにトマトはマストだけど、トマトが嫌いで。青くさいっていうか、ブチュって感じも嫌なんです。母もそんなに好きじゃなくて、あまりサラダに入ってなかったような気がする。兄弟もみんな嫌いだった。

僕の子どもは、トマトが好きです。だから、自分のところにあるミニトマトも、子どものほうにポンって移動させて食べてもらう。「食べなさい。好き嫌い言ったらダメ」って言いながら食べてもらうんです（笑）。

トマトでも、カプレーゼは好きなんですよ。それと火が通っていれば好きです。トマトのパスタも好きだし、ピザも好きだし、今はある程度食べられます。

動物に関しては、完全に犬派です（笑）。ごめんなさい。猫はちょっと怖いんです……あまり大きい声では言えないんですけど。僕、子どものころにゴールデンレトリバーを飼ってたんですよ。それで散歩していると、必ず野良猫に囲まれて。犬と僕が、10匹くらいの野良猫に駐車場で囲まれるんですよ。ゴールデンレトリバーだからでかいんだけど、向こうはチームでくるんで（笑）。で、野良猫のボスにうちの犬が顔を引っかかれたことがあって、そこから怖くなっちゃって、猫に対しては恐怖心がある。ただ留学中、ホストファミリーの家にいた猫だけはかわいがれたな。

あと、苦手なのがカラス。道にいたら避けますね。カラスにも襲われたんですよ、小学生のときに。カラスに頭をバーンって突かれて、「いてっ！」と思ったら、また戻ってきて、3往復ぐらいやられて頭から血が出ましたから。もうそれからはトラウマです。

子役としてＮＨＫのドラマに出演したことがあって。ＮＨＫに渋谷から行くときは、センター街を通っていくと早いんですよ。でも、早朝に集合があると、センター街にはゴミがたくさん落ちてるから、カラスがめちゃくちゃいる。それで、怖いから遠回りして毎回遅刻するっていう……。カラスもいまだに怖いんですよね。


高いところは好きですね。初めてひとり暮らしをした家は、部屋は狭かったんだけどタワーマンションの26階。調子乗ってるね（笑）。飛行機に乗ったりするときもそうなんですけど、高いところにいるときって、「こんなに広い世界で、自分は点くらいの存在だな」と思えるから高いところが好きなんですよ。何かあっても気にすることないじゃんって。

しかも、そのマンションは音楽室が共有スペースとしてあったから、すごく良かった。駅から徒歩10分くらい。家を探すときはしっかり考えて決めるから、あとから「あちゃ～」ってなることはあんまりないかな。あ、でも犬がその家の壁に穴を開けたんですよ。それを直すのにものすごいお金がかかったっていうのはありました。

だから、バンジージャンプとかはやってみたい。アトラクションでも高いのとか落ちるのとか速いのには乗れるけど、ティーカップは乗れません。乗ったらその日は終了ですね、全部出てくる（笑）。メリーゴーラウンドでもちょっと酔うな。回る系は無理ですね。

好きな歌にまつわる思い出

「七つの子」っていう楽曲には、すごく思い入れがあります。「カ〜ラ〜ス〜、なぜ鳴くの、カラスの勝手でしょ」という、志村けんさんが歌った替え歌のフレーズで覚えてらっしゃる方も多いと思うんです。

僕がこの楽曲を初めて歌ったのは、小学3年生のとき。引っ込み思案で人前に出るのが苦手で、家でも母の後ろにいつもくっついてるような人見知りだったんで、それを心配した母が僕を音楽教室に連れていってくれたんです。そこで初めて練習した楽曲が、この「七つの子」で。

全国童謡コンクールに応募して、「七つの子」で審査員特別賞をいただきました。歌が自分を解放してくれる特別なものになったきっかけは、この「七つの子」なんですよね。しかも、実はこの童謡コンクール、僕と母はデュエットで出たんですよ。

母も歌がすごく好きで、僕が「カ〜ラ〜ス〜、なぜ鳴くの、カラスは山に〜」と歌うと、母が「山に〜、かわいい七つの」とハモりで入って、ふたりで2声で歌うっていう。だから、母親との思い出の楽曲でもあるんですけど、そのときの音源がないんですよね。どっかにあったはずなのに。賞状はあるんですけど。ちょっともう一回、実家で探してみたいと思います。

それぐらい思い入れがある楽曲で、『童謡の声DOYO 100th』（2018年リリースの、童謡

100周年を記念したアルバム）に参加させていただけたのも、すごく運命を感じています。童謡100周年という節目の年に、僕にとっても思い入れのあるこの楽曲が歌えたっていうのは、やっぱりすごく特別なことでした。

「君に伝えたいこと」という楽曲は、森山直太朗さんに作詞・作曲していただいたんですけど、最初はバラードなので、オーケストラのような弦を入れることによって華やかにドラマチックに作るっていう話もあったんです。でも最終的に、ピアノ2台で進めていくことに決まって。

そのとき、直太朗さんとどの方にピアノをお願いしたいか話すなかで、お互いに出た名前が、紺野紗衣さん。ピアニストという枠にとどまらず、編曲とか、あとNHKの『うたコン』でのバンドマスターもやってらっしゃったりとか、音楽業界では有名な方なんです。

紺野さんは直太朗さんともずっとお仕事されてるんですけど、僕も20年以上も前の1998年に紺野さんと出会ってるんです。

1998年は僕のデビュー年なんですけど、ミュージカルも何もやったことがない僕が、小椋佳さんが企画されたオリジナルミュージカル『フラワー』の主演に選ばれたんです。そのデビュー作品に音楽監督の助手として、稽古でピアノを弾いていたのが、紺野さんで。

僕にとってはお姉ちゃんのような存在で、ずっと仲良くさせていただいてて、大好きでした。今思うと、ちょっと恋をしていたのかも。本当にきれいな方で、かわいらしくて、ピアノも抜群にうまくて、憧れだったんですよ。稽古最後の日には、お別れにみんなで寄せ書きをプレゼントして。歌のプレゼントもしました。このミュージカルのテーマ曲の歌詞を子どもたちみんなで変えて、彼女への想いを歌に乗せてプレゼントするっていう。みんな歌いながら泣いて、それを聴いてる紗衣さんも泣いて、みたいな。

本当に思い出深くて、大好きだったお姉ちゃんに、22年後に森山直太朗さん作詞・作曲で、編曲+演奏で入ってもらうなんて。しかも、レコーディングでは1テイク、紗衣さんと僕で、せーので録ったんです。「君に伝えたいこと」は、僕としてはある意味初めて、エンターテインメントとか魅せる作品ではなくて、よりパーソナルな、等身大の山崎育三郎として制作した楽曲です。そんな直太朗さんと丁寧に作り上げた楽曲を、紗衣さんに弾いていただいたっていうのは、僕としてはすごく感動的で。いろんな奇跡的な出会いがあって、この作品は作られたんですよね。

だからいつか、ラジオにも紗衣さんに出ていただいて、お話しして、最後は生ピアノで歌を届ける、なんていうのもやってみたいなと思っています。

NHKの連続テレビ小説『エール』に佐藤久志役で出演したときも、思い入れのある楽曲を歌う機会がありました。

久志くんが、オペラのアリアをミュージカル女優の小南（満佑子）さんとデュエットするシーンです。その楽曲がモーツァルトのオペラで「ドン・ジョヴァンニ」だったんですけど、今まで歌ったことはなかったものの、僕は個人的に大好きだった楽曲で。

高校生で初めて聴いたときに、三大テノールのひとり、プラシド・ドミンゴとソプラノ歌手のキャスリーン・バトルがデュエットしてる映像を何度も観たんですよね。そんな僕にとってはものすごく思い出のある楽曲を、ドラマ制作側から偶然「歌ってほしい」と言われて、縁だなと思いましたね。

あと、ピアノで弾き語りしているシーンもあるんですけど、それはベッリーニ作曲の「Vaga luna, che inargenti（優雅な月よ）」というクラシックナンバーで。ドラマとしてあの時代に弾いていることが成立する、僕が弾けるクラシックの楽曲として、いくつか候補がある中から選んでいただいたんですけど、それも三大テノールのひとり、ルチアーノ・パヴァロッティが歌っているのを聴いてからずっと好きだった楽曲だったりして。自分が選んだものではないのに、『エール』で歌っている楽曲は、昔から縁がある大好きなクラシックのナンバーというのが、すごくうれしかったんですよね。

当時の歌の先生からも連絡が来たりしました。やっぱり朝ドラの反響はすごい。いちばんは、岡山にいる僕の祖母が喜んで、誰よりも楽しみにしてくれていました。僕が20代でミュージカルしかやっていないころから、祖母には「朝ドラには出ないのかねえ?」って言われてましたので、本当にうれしいなと。

僕がなぜ音大に入ったかというと、子役からミュージカルの舞台に立っていて、変声期を迎えて自分が主演をやっていたミュージカルのオーディションにも落ちて、どこにも受からない時期があって。そこで、ちゃんと歌を勉強しようと思ったんです。オペラ歌手になりたかったわけじゃなくて、ミュージカルをやるために、歌の基礎を学びたくて音大に入った。その中で「Vaga luna, che inargenti（優雅な月よ）」とか、先生のレッスンで課題が出るので、それを必死に覚えて、年間何百という楽曲を歌っていったんです。ミュージカルをやるために入った音大で出会った楽曲を、のちに朝ドラで歌う日がくるなんて、ちょっと感動でしたね。

また、僕の役のモデルになった伊藤久男さんが音大出身ということもあり、本当に自分が今までやってきたことをさらけ出しているような役なので、全部がつながっていくんですよね。だって、当時は「なんでオペラなんか勉強しなきゃならないんだ」と思ったこともありました。苦しいし、早くミュージカルの舞台に立ちたいから。でも、そのときやってきたことが無駄じゃなかったし、つながったんです。

兄の影響で特別な存在だったＴｏｓｈＩさん

龍玄とし（ＴｏｓｈＩ）（※以下、ＴｏｓｈＩ）さんとは、ラジオ番組でお会いして、いろいろとお話をさせていただいたこともあります。

僕がいちばん気になっていたのは、ＴｏｓｈＩさんのハイトーンボイス。僕もミュージカルをやっていて、音大ではクラシックを勉強しましたし、歌のことについては勉強してきてるんですけど、あの声、音域はちょっと考えられない。あんなキーで男性が歌うなんて、ありえないんです。もう、ほぼ女性キー。女性でも一般の方は苦しいんじゃないかと思うキーをＴｏｓｈＩさんは出せるし、それを3日連続で東京ドームで歌い上げるっていう……どういう声帯してるのかなと思って。

そのことについてちょっと伺ってみたら、発声法があると。ＴｏｓｈＩさんはご自分で培ったその発声法を誰かに教えたいと言われていたので、ぜひそのレッスン受けたいなと思ってます。

でも、普通の方が無理して真似をすると、1回で喉が壊れちゃうでしょうね。1曲も持たないと思います。体への負担やパワーが必要なように見えるけど、ＴｏｓｈＩさんはちゃんと喉をコントロールされていて、負担なく歌える場所っていうのをつかんでいるはず。

僕もミュージカルでは、3時間ほぼ出ずっぱりの舞台を毎日やったりしますけど、やっぱり喉との戦いなんですよ。もう本当に本番以外はしゃべれない。普段は、どんだけボソボソしゃべるんだっていうぐらい、喉を使いたくないんですよ。

喉って、基本的には車のタイヤと一緒なんです。声帯が震えて（擦れて）声が出るので、やっぱり使えば使うほど声は出なくなってしまう。だから、なるべく使わないのがいちばんなんです。そんな喉の事情もＴｏｓｈＩさんと語り合いたいですね。

野球はもちろん、お笑いも大好き

小学生のころに野球に打ち込んでいたので、もちろんプロ野球も大好きです。生涯最高のベストナインというと、1番、センター飯田。ヤクルトスワローズの飯田（哲也）さんですね。2番、セカンド川相。これは巨人の川相(昌弘)さんです。3番、ファースト清原(和博)。4番、DHオマリー。勝手にDHを入れました。これは外せなくて。5番、レフト松井（秀喜)。6番、サード江藤（智)。7番、キャッチャー古田（敦也)。ここも外せません。8番、ショート池山（隆寛)。大好きな元ヤクルトの選手です。9番、ライトイチロー。すごくないですか？　最強メンバーですよ。30過ぎくらいの人は「キター！」って思うラインナップです。

せっかくなので、ピッチャーも発表しちゃいます。ピッチャーは3人、まずはヤクルトスワローズのブロス。マニアックすぎる？　とにかくブロスは球が重いんですよ。打ったことないけど、古田さんが捕ってるのを見ると、ドスンと重いのがわかるんですよ。ブロスのおかげで優勝しましたから。あとは、同じくヤクルトスワローズから高津（臣吾)。高津さんは完璧でしょ。で、もう一人は巨人の桑田（真澄）さん。この3人がいれば、どこにも負けない。名前を聞いただけでテンションが上がる。

やっぱりヤクルトファンとしては、ヤクルトからが多くなりますね。イチロー選手が1番かなとも考えたんですけど、飯田さんは外せないです。イチロー選手はどこに入れても間違いないんですけど、9番バッターって次に回さなきゃいけないんで、実はすごい大事なんですよ。だからイチローさんを9番にもってきました。

僕にとってはみんなスーパースターです。これだけのスター選手が僕の子どものころにいたんですよ。

久しぶりに草野球をやったのも楽しかったな。自分でチームをつくったんですけど、チーム名は留学してたときに入っていたチームの名前「Raiders」にしました。かっこいいなと思って。

僕とつながりのある人がグラウンドに集まったときに「はじめまして」みたいな。ヘアメイクさん、スタイリストさん、舞台役者、あと加藤清史郎くんもいるし、僕の地元の仲間や兄弟もいて。バラバラなジャンルのみんなが集まって、野球をやろうっていう。最高ですね。あんな喜びはないかも。

そのときは10人ちょっとしか集まらなかったので、二手に分かれての試合はできなくて、練習試合をしました。キャッチャーとファーストは攻撃するほうがやって、あとは守備について、というかたちで。6対5だったかな、すごくいい試合になって、盛り上がりました。

ただ僕は、その2年くらい前に『プリシラ』っていう舞台でドラァグクイーンの役で肩を痛めてしまって。すっごい大きな1メートルぐらいある、ハート形の黄色い花の帽子を被ってたんです。それがものすごく重いんですね。それを被りながら、手を大きく振り上げる振り付けがあったんですよ。それを何回もやらなきゃいけなくて、帽子が重いのと、手の角度が悪かったせいか、ずっと肩が痛くて。ピッチャーとしては最悪で、ストレートがうまく投げられないんですよ。

その痛みが、2年ぐらいずっと続いたんですよ。整体とかも行って症状を言うんだけど、なかなか治らなくて。肩が痛いと、投げ方もちょっとサイド気味、横からになってくるんですよ。そうするとスピードが出なくて、それがすごい不満で。誰かいいお医者さんを紹介してください。ホントにね、松坂（大輔）さんの気持ちがわかる。全然レベルは違うけど、でも本当にうまく投げられない。

始球式の話があったらどうしようと思って。どうやら、なくもないらしいんですよ、始球式の話。だけど、やるなら絶好調の状態でやりたいじゃないですか。今の肩じゃスピードも出ないし、困ってるんですよね。

でも、野球をやれるっていう喜びがね、予想以上にすごいテンション上がっちゃって。週1回やりたいんですよ。僕が監督であり、キャプテンであり、連絡係まで全部やるんです。「みなさん、○月○日○時から○○球場でやりますので来てください。こられない人は連絡しなくていいです」っていうかたちにしてるんですけど、僕が動かないと活動がストップしてしまう。だから、1年に1回じゃなくて定期的にできるようにしたいなと思っています。

ウインタースポーツもすごく好きで、スキーもスノボーもスケートも全部やったことがあります。一番好きなのは、スノボーかな。子どものころは毎年、家族でスキー場に行ってましたね。中学くらいからスノボーに変わって。スケートはここ数年、山崎家大集合してみんなで行ってますね。みんなで勝負するんですよ。

実はフィギュアスケーターの髙橋大輔くんと仲良しなので、一緒にスケートしたいな。やりたいのは、僕が歌っているところで、大ちゃんに踊ってもらう。大ちゃんに「練習しているところを見においでよ」って言われたこともあったんですけど、そのときは予定が合わなくて行けなかったので、いつかスケートを教えてもらう機会をつくりたいなと思ってます。

苦手なのは、水泳ですね。僕、泳げないんですよ。平泳ぎなら長く泳げるけど、水泳は得意じゃない。野球、バスケ、サッカー、卓球、テニスとか、とにかく球技が好きなんだよね。でも、水泳はやっておけばよかったと今になって思います。水泳やってる人って、肩幅すごくないですか? 服はなんでも着れるんだけど、見え方的に肩幅があるほうが男らしく見えるから、バタフライでもやってれば、もう少しごつくていい感じだったんじゃないかなって。

スポーツ以外だと、お笑いも好きです。以前、友近さんとゆりやんレトリィバァさんがやられてるライブを観劇したことがあったんです。友近さんからお誘いのＬＩＮＥをいただいて、ふたりのネタの大ファンなので「行きます!」と連絡して行ってきました。

あのライブは、久しぶりにお腹を抱えて笑った。人が本当に笑うときって、前かがみになるんですよ。客席全体がかがむみたいな場面が何度かありまして、なかなかミュージカルでは見ない画ですよね。

とにかく、友近さんとゆりやんさんの笑いのセンスが僕は大好き。ほとんどアドリブなんじゃないかなと思うくらい、ふたりともすごいんですよ。もはや客席よりもふたりが一番楽しんでるっていうのが見ていて気持ちいいんですよね。歌でもお芝居でもそうですけど、本人が一番おもしろがってる、自分が一番楽しめてることが、大事なんじゃないかなと思います。

終演後、友近さんに「ぜひ機会があれば、こういうコントに呼んでください」とお話ししたら、「本当〜!?」なんて言ってくださったので、いつか呼んでくださるんじゃないかと。そのときのゲストは、ハリセンボンの近藤春菜さんがいいですね。このふたりのコントで「自分のほうが上だよ」ってお互い言い張るネタがあるんですけど、それがたまらないんですよ。それも台本がないみたいで、ライブ感を一緒に楽しむステージでしたね。

やっぱり僕、お笑い好きだわ。お笑い大好き。時間があったら観に行きたいなって思った。すごく印象的だったのが、ゆりやんさんが言ったのかな、途中にトークがあったんですけど、お笑い芸人が1000人規模でネタをやって「シーン……」ってすべった空気を感じた衝撃って、普通の人だったら死ぬらしいです。それくらい精神的に追い詰められるらしいんですよ。でも、僕はお笑い芸人じゃないけど舞台とかでしゃべったりはするので、その感覚はちょっとわかるんですね。なので、手を叩いたりとか、なるべくリアクションは大きく取っていただければ、やるほうは楽しんでやっていけるというね、ちょっと興味深いお話でした。

GUEST TALK

森山直太朗

2020年2月1日・8日・11月21日・12月25日放送

森山直太朗（もりやま・なおたろう）
1976年4月23日、東京都生まれ。ストリート・パフォーマンス及びライブハウスや、インディーズでの活動を経て、2002年、メジャーデビュー。2003年には「さくら（独唱）」の大ヒットで一躍注目を集めた。その後もコンスタントにリリースとライブ活動を展開。独自の世界観を持つ楽曲と、唯一無二の歌声が幅広い世代から支持されている。

山崎　最初は何ですか？　その単発でも、初めてお芝居をしたっていうのは。

森山　初めてお芝居をしたのは、記憶をたどっていくとデビューする前ね。もう17年ぐらい前になるんだけど、インディーズのころに舞台、お芝居をやったことがあって。でもそれまでも、歌うときもさ、例えば「夏の終わり」って、要するに戦場に行った帰らない恋人をただただ夏の夕暮れのなか、駅のホームで待つ女性の思いを歌った曲で。そうすると、その景色を浮かべながら歌うわけなんだけれど

演じることと歌うこと

山崎　直太朗さんはＮＨＫの朝ドラ『エール』で藤堂（清晴）先生をやってますけど、役者のお芝居、俳優っていつから始めたんですか？

森山　いやいや、とんでもない。連続ドラマみたいなものに出るのは、これがもう本当に初トライって感じです。

も、結局、自分は女形になるみたいな話じゃん。音楽をやってるうえで、やっぱり根本には常に自分がいるんだけども、何かに少しずつ憑依しながら歌い分けたりしてるから、演じることと歌うことの差があんまりないっていう。

山崎　すごいおもしろい！

森山　でもそうじゃない。例えばさ、今、ラジオのMCしてるでしょ？　僕はゲストで出てる。なんかもう、ちょっとその設定に入ってない？　ディレクターさんとかエンジニアさんも、たぶんちょっと設定入ってるでしょ。

山崎　ちょっとわかります。そういう役どころっていう。

森山　エチュードでしょ、これはもう。だから、「素の自分ってどこにあんの？」みたいなところは、ちょっと僕もよくわからない。何かを少しずつ憑依させながら、自分を探してるっていうような。

山崎　じゃあ、お芝居するっていうことはあまり特別なことではなくて、今までやってきたことっていう……。

森山　とはいえ人間だから、やっぱり育三郎くんはね、子どものころから（演じてる）でしょ？　僕なんかもう本当に遅いから、恥ずかしさみたいなのがある。

山崎　でも、直太朗さんみたいに自分で作られた楽曲さえもお芝居として捉えて歌うって、すごいおもしろいな。

森山　いや、人から与えられたものではなくて、やっぱり自分がゼロから作ってるものだから。結局さ、うまく言えないけど、自分ってさ、もうひとりいたり、もうふたりいたりするじゃん。たぶんそういう話だと思うんだよね、きっと。でも、言葉にはできないし、感覚でしかわからないから曲になってる、みたいな。

名曲「さくら」が生まれた背景

山崎　やっぱりお伺いしたいのは「さくら」ですよね。「さくら」はどうやってできたんですか？

森山　よく聞かれるんですけど、なんでだろうなって。僕らの世代って、カラオケボックスとかが全盛で。僕らの親の世代とかだと、みんなで肩組んで歌えるフォークソングっていう。

山崎　歌声喫茶（客が一緒になって歌う喫茶店）みたいな。

森山　そうそう。うちでも大の大人が、ただの飲み会みたいなパーティーしてて、「じゃあ、そろそろ閉めるか」ってなったら、ひとりがギターを持って「今日の日はさようなら」っていう曲を歌いだして、それでみんなで肩組んで歌ったりとかして。それを見て「なんだこれ？　気持ち悪いな」と思いながらも、すごく何かを問いかけられてる感じは幼心にもしてて。俺たちの世代っていうのは、もう少し違う盛り上がり方じゃん。音楽の共有の仕方で、そんな肩を組むっていうのではなくて。

山崎　そういうのはあまりないですよね。

森山　だから、そういう曲が1曲ぐらい作れたらいいなとか、なんかそういうモチベーションだったのかなと思って。もっとたどっていくと、やっぱり幼稚園から大学まで成城学園っていうところで、その通学路が桜並木だったのね。

山崎　あ〜、ありますね。

森山　3月から4月にかける1カ月間だけ桜が咲き、そして散っていく景色を、幼稚園から16年ぐらい、雨の日も風の日も（見てきて）。そりゃできるよね。

山崎　できますか!?

森山　それしかできないでしょ。やっぱその原風景が刷り込まれてる景色で、そのころは桜の儚さとか潔さ、そんなことはわからんけれども、きっとその言葉にならない想いが重い。でも、16年って言ったけど、刹那なの。やっぱりその瞬間は一瞬だったし。だから、きっとそういう原風景になぞらえて、この曲ができたんじゃないかなって俺は思う。

山崎　もう教科書にも載ってますからね。ずっと残っていく楽曲ですよね。

森山　そうですね。自分はもう、とにかく歌い続けていくしかないなって思ってるので。

「君に伝えたいこと」に込めた、ふたりの想い

森山　（山崎に森山が提供した楽曲）「君に伝えたいこと」は、本当にシンプルな曲で、自分との決別とか出会いと別れのような歌。ヘンな話なんだけど、ほかのスタッフは（いくつか用意した曲の中で）違う楽曲を推してた。これはリリースする際にすごい大事な工程で、それぞれがこだわりと意志を持っているなかで、いっくんだけではないけど、いっくんがまず皮切りに、「直太朗さん、これもわかる。これもいい。だけど今、俺はいろんなことを経験して、これがいちばん今の自分に近いんだ」っていう話をしてくれた。何かを演じたり何かを憑依させたりっていうのは自分のアイデンティティだけれども、もっともっと奥にある自分のあるがままの姿を歌ってみたいって。もう「言うじゃな～い」っていう。

山崎　言うじゃなぁ～い！

森山　俺も当初のプランとは違ったけど、いっくんとその後、たくさん電話でも話したし、会っても話して。いっくんの心の内みたいなものを聞いていけばいくほど、こういう言葉が立ち上がっていったっていう。

山崎　そうなんですよね。直太朗さんとの曲作りの

なかで感じたことは、やっぱり直太朗さんの楽曲って本当に真に迫ってくるというか、全部裸にしないと歌えない。自分を解放して自分自身と向き合って、もう本当に奥底から生まれ出たもの、みたいな楽曲の印象がすごくあって。僕はそういうものを引き出していただきたかったっていうか。自分の中にある、本当の今の自分が感じてるものを歌いたいなって思いだして。この曲を聴いたときにイントロで、「あ、これだ」と思いました。タラララってピアノが入った瞬間に、「あ、きた」っていうか、「歌いたい」と思った。

森山　それはうれしいね、ピンときたんだね。俺もなまじ歌を歌ってるから、育三郎くんの葛藤と、あとは丸裸っていう話をしたけど、やっぱ僕らって良くも悪くも〝型〟を持ってるんですよ。簡単に言うと、それを一回手放したいっていう話なんです。それをするのはめちゃくちゃね、怖いことでもある、勇気のいることでもある。なんでかっていうと、その型があるから傷つかずに生きて、殺されずに生きてきた、みたいなところがあるから。だけど、それを一度剥いでみたいっていう。これはレコーディングでさ、ちょっと慣れてきたりとか、歌うにつれ、反射的に俺も理解できた。長くやっていけばいくほど、やっぱそういう筋肉っていうのはついてくるものだから。どれだけ柔軟なものにしていくか、だから育三郎くんの振れ幅がここまでできたってことは、僕はすごく大きいというか、立体的になったっていうのかな。すごくやりがいがありました。

山崎　いや〜、これはすごいことで。直太朗さんも同じ歌い手だからこそ、歌いながら僕をそっちの方向に導いてくれたというか、僕も委ねたっていうか、本当に自分を解放してそこに立っていたんで。直太朗さんじゃなかったらできなかったんじゃないか、っていうのがあって。

森山　僕もラジオから聴こえてくるようなかたちでこの曲に接したのが最初だったんですけども、「何かが録れてるな」と思いながら聴いていて。それは空気だったり、そのときのコロナのことだったり。特に春先のただ天気がいい日とか、桜がただ咲き誇っていたシーンを僕は思い浮かべるんだけど、これをレコーディングした季節の景色が浮かぶんだよね。それはたぶん思い出なんだけど、その思い出のなかでたくさん心が動いたなっていう。心がどれだけ動いたかっていうことが、不安も葛藤も含めて、この曲のエネルギーなんだろうなって。「何かが録れてるな」っていうのは、きっとそのときの自分の感情を思い出してるんだと思う。

山崎　思い出しますよね。僕も録ったときのことを思い出したし、ピアノの紺野紗衣さんと一緒にせーので録ってるので、そのライブ感というか、緊張感もあったし。いや〜、僕にとって本当に新しい扉を開けてもらった楽曲。

森山　とんでもないですよ。ただ、作り手の欲としては、これからいっくんもたくさん歌ってくと思うし、これまでもたくさんの曲があったと思うけども、ライブで応援してくれる人たちに愛される曲になってくれるといいな、細くても長くみんなに愛してもらえるような曲になるといいなって、作った本人としては思います。

山崎　ずっと歌い続けていきたいなと思うし、そのときの自分が置かれた状況次第で、また曲の感じが違うだろうなとすごく思いますね。

森山　本当？　なんか、俺がライブに来てるときだけ、「今日、直太朗さん来てるから、いちおうセットリストに入れとこう。アンコールぐらいでさらっと歌っとけばいいんじゃない？」とか、それやめてね、本当に（笑）。

GUEST TALK

3時のヒロイン

2021年2月6日・13日放送

3時のヒロイン（さんじのひろいん）
1988年10月10日、大阪府生まれの福田麻貴、1992年6月10日、東京都生まれのゆめっちが、1994年11月17日、熊本県生まれのかなでが、2017年に結成。2019年、『女芸人No.1決定戦 THE W』（日本テレビ系）優勝。2021年に山崎とのコラボ楽曲をリリースし、2022年には番組イベント「THIS IS IKU」に登場した。

"口づけから始まるミュージカル"誕生!?

山崎　女芸人さんならではの悩みって、あったりするんですか？

福田　恋愛エピソードをすごく聞かれるんですけど、それが私はなかなかないっていう。ほとんど、かなでちゃんがしゃべるんですよ。

かなで　やっぱり男性芸人を好きになっちゃうってことですかね。

山崎　どういう人を好きになるんですか？

かなで　男性芸人の方って一緒にいて楽しいし、話も笑いのツボも合うし。「あ、好きかも！」って思う瞬間がいっぱいあるんですよね。

山崎　仕事中に？

かなで　仕事中もあります。たまに「私のことを女性として見てくれてるの？」っていう発言をする人がいるんですよ。そうなると完全にもう、スイッチオン！

山崎　それは芸人さん限定なんですか。
かなで　限定ではないんですけど、そういう状況になるのが芸人さんしかいないのかな？
ゆめっち　たしかに、出会いがないんですよね。
かなで　いやもう、好きになっちゃうと思うんですよね。
山崎　踏み出す場合、たとえばどういうふうに。
かなで　共演して、お姫様抱っこされてるとき、背中に何か貼り付けたりとか。連絡先を書いたメモを。
山崎　じゃあミュージカルで共演するとしたら、どういう役柄をやってみたいですか？
ゆめっち　言っちゃいなよ。
かなで　い、育三郎さんとですか？
山崎　そう。
かなで　それはもう、ヒロインがいいですよねえ。
山崎　ヒロイン！　どういうシーンがやってみたい？
かなで　どういうシーン!?
福田　細かく言っといたほうがいい。
かなで　ええでも、なんかちょっと、口づけから始まりたい。
山崎　口づけから始まるミュージカル！　3時のヒロインと育三郎のミュージカル、福田さんが書いてくださいよ。
福田　ええー！　そんな大役を！　そうなったら、それは私がキスする流れになります。
かなで　ちょっとぉー。許せないわよ、あんた。
福田　私が書いていいんやろ？　だって。
山崎　いいですよ、いいですよ。
ゆめっち　3回しよう。麻貴のターン、かなでちゃんのターン、ゆめっちのターン。
福田　トリプル主演。
山崎　何を言ってるの！　君たちはさっきから(笑)。
3時のヒロイン　アッハッハ！

お笑い、そしてダンスと歌を愛する3人

山崎　でもやっぱり、しっかり歌える3人ですから。福田さんは元アイドルだし。

福田　テレビとかでは、ボケで「元アイドルです」って言い切ってるんですけど。吉本の養成所時代、女性タレントコースに通ってたんです。そこは、お笑いをしながら歌もダンスもお芝居もやります、みたいな、あんまり定まってないところで。そこでユニットを5年間くらいやって、私が抜けたあと、急にそのグループがアイドルになりますって言いだしたんですよ。「私、アイドルとして邪魔やったんや」って。「よっしゃ！　顔微妙なやつ全員抜けたからアイドルやろう！」みたいな。

山崎　そのときから、お笑いやりたいって思いはあったんですか？

福田　実はそのときも、お笑いやってたんですよ。歌とかダンスももちろんやりたいし、でもどっちも中途半端だったんです。歌もうまくないし、ダンスもプロレベルじゃないし、お笑いもプロの芸人さんには負けるってなったら、やっぱりどれかに絞りたいって。そこでお笑いに絞ろうと思って、東京に出てひとりで始めたって感じです。

山崎　そうやって、このふたりを見つけて。すごいですね。ゆめっちは、お笑いとダンスと歌なら、どれがいちばん好きですか？　歌ってる印象が強いんですけど。

ゆめっち　お笑いとダンスと歌だったら……歌ですね。

福田　お笑いであってくれよ、まずは。

ゆめっち　番組で1回だけ「ひとりコーラス」っていう企画に出たんです。ハーモニーとか副・主旋律

ぜんぶ自分の声で歌う、ってやつをしたときに、なんか歌ってて「私、アーティストじゃん！　楽しい！」ってなっちゃって。こんなに気持ちいいんだと……お笑いも、もちろんウケたらむちゃくちゃ気持ちいいんですけど、それと一緒の〝幸せホルモン〟が脳みそにあふれ出ちゃったんですよ。

福田　お笑いでウケたときも気持ちいいけど、それでも「歌だ！」ってなる理由は何？

ゆめっち　（歌はセリフが）飛ばない。

福田　ええ！

山崎　飛ばない。

かなで　飛ぶ飛ばないの話だった。

山崎　ゆめっちは歌でいいじゃないですか。コントの間はずっと歌ってるっていう。

福田　でもたしかに、ホンマそうしてるんですよ。ゆめっちが歌えばいいだけのコントとか、書いてますもん。

ゆめっち　そうですね。

福田　かなでちゃんが踊ればいいだけのコントとか。

かなで　私、歌は中途半端なんです。でも、好きな気持ちはすごいあって。それこそ、ひとりカラオケでミュージカルの楽曲を歌ってるんですよ。『レ・ミゼラブル』の。

山崎　何を歌うの？

かなで　えぇ！「オン・マイ・オウン」とか、ひとりで歌ったり。『ロミジュリ』の王様の曲（「世界の王」）もすごい好きで。

山崎　（歌い出す）

かなで　いやぁーーー!!　はっはっは！

福田　ちょっとびっくりした！

山崎　びっくりした！

ゆめっち　危ない危ない、鼓膜破れちゃう。

かなで　本当に好きなんですよ。

山崎　耳がパァーンて！

福田　大丈夫？　今、聴いてた人大丈夫やったかな？　聴いてた人もきゃーってなってるか。

かなで　今のところだけ音量下げていただいて。

山崎　じゃあ歌うんですね、「オン・マイ・オウン」とかもカラオケで。

かなで　好きなんですけど、下手くそなんですよね。歌はちょっと自信ない。

山崎　いや、でも、芝居は心なんで。（歌い出す）

かなで　（重ねて歌う）

福田　ほんまに下手くそやった。

ゆめっち　重ねんな。重ねないでくれ。

福田　芝居関係なかった。

かなで　関係なかったね、うまくなかった全然。びっくりしちゃった。

GUEST TALK

堂珍嘉邦

2019年1月26日・2月2日・2020年3月21日・28日・2021年7月3日・10日放送

堂珍嘉邦（どうちん・よしくに）
1978年11月17日、広島県生まれ。オーディション番組『ASAYAN』（テレビ東京系）が行った男性ボーカリストオーディションをきっかけに2001年、CHEMISTRYとしてデビュー。2012年よりソロ活動も展開し、自らの音楽性を追求する。また同時期から俳優として、舞台、ミュージカルなどへ出演している。

歌手になったきっかけは〝どうめん〟さん？

山崎　堂珍さんはどういうきっかけで歌うことに目覚めたんですか？

堂珍　気がついたら歌が好きになってたっていうか。

山崎　子どものころからですか。

堂珍　そうです。でも引っ込み思案だったんで。僕、名前が「堂珍」だから下の「ちん」っていう漢字がからかわれやすいっていうのがあって、すごいコンプレックスを抱いてたんで。

山崎　僕の「育三郎」もからかわれますからね。いないんですよ、同世代で育三郎。

堂珍　なるほどね。僕もクラス替えのたびに名前を言われるのが嫌で、もう学校嫌いみたいになってたので、その辺りから引っ込み思案だったんです。

山崎　そこから人前で歌っていこうっていうのは、どういう流れでなっていくんですか。

堂珍　高校生のときになんとなく転機が訪れるとい

うか。高校から新しい人が増えるじゃないですか。それで名前が呼ばれるとき、だいたい、堂珍の次は中川とかになるんですけど、次が「どうめんくん」で。

山崎 どうめんくん⁉

堂珍 そうお互い「珍しくない？」って握手を交わして仲良くなったの。彼はバンドをやっているような、目立ちたがりなタイプで。一緒にアメリカへホームステイに行ったときに、さよならパーティーでどうめんくんとふたりで歌を歌ったんですよ。そうしたら、ホストファミリーが歌を褒めてくれて。髪型もまねしてたからか、「君は日本のビートルズだ」みたいな。それで勘違いしちゃって、「俺もちょっとバンドやりたいわ」って言って、どうめんくんのバンドにコーラスから入れてもらったんだよね。

山崎 「お前は日本のビートルズだ」って言われたのはかなりデカかったですね。

堂珍 デカかったですね。しかもそのとき、世の中がオーディションブームだったんですよ。だからそこに「乗ったれ！」と思って。

山崎 自分で応募したんですか？

堂珍 18～19歳ぐらいのときにオーディションを受けようと思ったんだけど、信憑性があるオーディションって少ないし、ド田舎だから情報もなくて。でも『ASAYAN』はガチっぽいし、おもしろそうだなと思ってたから、男性のオーディションが始まったときに受けてみようと思ったのがきっかけ。

ミュージカルで学んだ声の出し方

山崎 僕『ASAYAN』世代なんですよ。ずっと子役でミュージカルをやってたんですけど、変声期で歌が歌えなくなってミュージカル界から離れた時期があって。そのとき、たまたま観てたのが

『ASAYAN』。CHEMISTRYのボーカルオーディションというのも観てたんですけど、そこで堂珍さんが歌い出したときにこれだと。こういう声になりたいと思って、ずっと聴いてたんですよ。

堂珍　うれしいですね。

山崎　堂珍さんは20代前半から歌ってきましたが、40代に入り自分の声に変化はありますか？

堂珍　ちょっと太くなったのと、キー的には上が伸びたのかなと。

山崎　昔から高音まで出るイメージなんですけど、さらに？

堂珍　やっぱりミュージカルとかやると声の出し方とか考え方が違うから、自分って力業で歌ってたんだっていうのがすごくよくわかって。野球に例えると、速球ピッチャーが変化球ピッチャーに移り変わっていくときみたいに、俺もどっかでちゃんと技術を学ばないといけないないなと思ったり。

山崎　ミュージカル出演をきっかけに、みたいなところもあるんですね。

堂珍　ほかのシンガーの方とかを見たり聴いたり、一緒に歌ったりしてると、そういうことを思わざるを得ないからね。

山崎　なるほど。ミュージカルで歌うときと、自分の楽曲を歌うときの違いみたいなのあります？

堂珍　ポップスとクラシックは普通に考えて全然歌い方違うよね。あと、お芝居をしながら歌うと、普段できることでもちょっと難易度が上がっちゃう。今やってる役（『アナスタシア』のグレブ役）だと、ある程度勇ましい部分も出したいから声が太くなるのね。そうなると普段スタートからこんな太い声出してないから、最後にボリュームを出したいときにそっちに行けないんだよね。

山崎　でも、それはミュージカルをやってるとよく起こることです。これがセリフの場合だと、音楽の要素も持ちつつ芝居をしなくちゃいけないというバランスがすごく難しくて。そのいちばんいいところを探すのはいつもやってますね。最終的には芝居も歌も同じ声で歌えるっていうのが目指すところだと思うので、ほぼセリフ、たまたまメロディが乗ってるぐらいの意識でやっているっていうのはありますね。

堂珍　おもしろいなあ。それやってみようかな。歌はセリフのように、セリフは歌のように、ということなのかな。

山崎　そうですね。やっぱり歌うモードになるべくならない、セリフの呼吸で歌ってみるとかですかね。

育三郎も驚きの音域の広さ

山崎　レコーディングのときにこういうことする、みたいなことあります？

堂珍　レコーディングのときはね、早めに起きるようにしてる。

山崎　声の立ち上げ方ってどうします？　何時間前に起きるのがベストですか？

堂珍　4～5時間ぐらい前に起きたいね。

山崎　起きてから4～5時間は空けたいと。発声とかするんですか？

堂珍　4～5時間でけっこう起きてくるから発声とかは特にしないんだけど、でもしなきゃまずいなと思う曲のときはする。

山崎　自分の音域とかで、ここが出ていれば今日は調子いいなとかあります？

堂珍　あるある。

山崎　なんの音ですか。

堂珍　レンジの高いCとか。

山崎　上のC！

堂珍　地声でストンと出たらいいなとか思うよ。
山崎　Cってめちゃくちゃ高いんですよ、みなさん。ミュージカルでもほとんど使うことがないぐらいの音ですね。
堂珍　あ、そうなの。
山崎　C（ツェー）って今のミュージカルであります？　たぶんここまで使ってないですね、だいたいこのソとか高くてラ。このラシドの音が出ていると調子がいいって思うくらいです。
堂珍　でも俺、力業でいっちゃうから。
山崎　そうですか。力業でいってる感じしないですけどね。堂珍さんって低音もすごく響くじゃないですか。
堂珍　下はわかんない。どれぐらいなのか。
山崎　本当ですか。音域はものすごい広いと思います。僕の場合ラなんですよ。上のラがちゃんと出るかっていうのがバロメーターです。

貴重なレコードが完成！

山崎　『大人の科学マガジン』という雑誌の付録でトイレコードメーカーというのがありまして。何かといいますと、これがあればレコードを作れてしまうという。すごくないですか。
堂珍　すごい。
山崎　なので、これを使って堂珍さんと世界にひとつだけのオリジナルレコードを作ろうと。
堂珍　レコードを作るのってハードル高そうじゃん。ケミもアナログ作ってるし、いつもカッティングに立ち会いたいなと思うんだけど、その日に仕事が入ってたりとかしてるからなかなかね。
山崎　簡単に録れちゃうものなんですかね。でも、レコードの音って今の時代レアですもんね。

堂珍　たしかに。音もふくよかなね。どう？　レコード好き？

山崎　そんな聴いてきてないんですけど、ＣＤとかは音がクリアじゃないですか。研ぎ澄まされていて、声が本当にクリアに聞こえてくるんだけど、昭和のレコーディングのシステムとか、レコードの時代だからこそ生まれる温かい空気感とか音の柔らかさっていうのが、僕はすごい好き。

堂珍　わからない方も多いかと思うんですけど、やっぱりケーブルでつないで録ると音がいいんですよ。

山崎　ワイヤレスではなくてっていう。

堂珍　歌ってるほうもケーブルだと声が削られてないんで、気持ちいいんですよ。どうやらＣＤとレコードもヘルツ的にも違いがあるらしい。

山崎　そうなんですか。レコードで自分の声を録音したことが一度もないので、どういうふうに聞こえるかっていうのも楽しみです。

堂珍　すごいスピーカーとかで聞くと、本当にそこでライブしてくれてるような気になるし。まあＣＤもそのレベルの機材で聴けばもちろん音はいいんだけど、手の込んだものってやっぱりありがたみがあるっていうか。

山崎　どうします？　もう、やってみます？

堂珍　やる？

山崎　やってみましょうか。早速レコードを作ってみたいと思います。

INTERVIEW

山崎育三郎インタビュー

『I AM 1936』を振り返る

2017年に番組がスタートしてから、「ラジオがもうひとつの居場所になった」という山崎育三郎が、『I AM 1936』の歩みを振り返りながら、番組への想いを語る。

ずっと変わらず、家で弾き語りをするような番組に

――番組がスタートしたころ、どんな気持ちで番組に臨まれていたのでしょうか。

山崎 記憶はあいまいなんですけど、「どういうラジオにしていけばいいんだろう?」「自分のラジオってなんだろう?」ということは考えていて、探りながらのスタートでしたね。ただ、初回の放送で憧れの野球選手だった古田(敦也)さんからリクエストをもらって歌ったときから、「ラジオで歌う」ということはキーになっていくんだろうなと思いました。

――ラジオで歌うことが、自分のスタイルだと思えたということでしょうか。

山崎 そうですね。自分の家に友達を招いて、リラックスした感じで弾き語りをやるような番組にしたいとは、最初から話していたんです。普段から家で自由にピアノを弾いて歌うのが好きだったので。その場でリクエストをもらって、リハーサルもなし、そんなゆるい雰囲気で音楽を奏でられるのは、ラジオという場所しかないんじゃないかなって。

――リスナーの方々にとっても、そんなリラックスした山崎さんを感じられる場になっていると思います。山崎さん自身も最初から肩の力が抜けていたのでしょうか。

山崎 緊張とかはなかったですね。ラジオが始まる1~2年前から、ミュージカルだけでなくいろんなメディアに出るようになって。ドラマや映画、バラエティーに出たり、声優をやってみたり。

仕事の幅が広がっていくなかで、ラジオが自分の状況を再確認できる場所になったんです。ちょっと一度立ち止まる時間というか。セリフの書かれた台本があるような、ルールがある世界で表現をしているなかで、ラジオは自分がそのときに思っていることを語らせてもらえる。いちばん自分らしく、等身大でいられる場所なんです。

――ラジオでは近況を報告することも多いので、そういう意味でも自分の立ち位置を確認できるんでしょうね。

山崎　たしかに、自分を客観的に見ることができる場所でもあります。ただ、基本は何も構えることなく、純粋に楽しんでます。普段は大勢の人に囲まれて仕事をしていますが、ラジオの収録中は目の前に構成作家の天野（慎也）さんしかいないので、しゃべるトーンも含めて本当にリラックスしていて。ラジオでは自分らしくいることが正解で、失敗しようが何が起きようが、それもエンタメだって思ってるところはありますね。

「目線は外さない」ラジオで磨いたトーク術

――改めて番組を振り返ってみて、印象的な出来事といえばどんなことでしょうか？

山崎　やっぱり番組イベントの「THIS IS IKU」ですかね。ミュージカル俳優である自分にとって、さまざまなゲストをお迎えするイベントはすごく新鮮で。ジャンルを超えたエンタメを作りたいというところからスタートしたのですが、番組や仕事を通じて出会い、自分に影響を与えてくれた方をゲストにお呼びすることができて、毎回特別な時間になっていると思います。

――番組のゲストとして出会って、イベント出演などにつながるような広がりが生まれているのも、ラジオらしくておもしろいと思います。

山崎　そういうことが本当に多いですね。森山直太朗さんとは番組で一緒に「さくら」を歌わせてもらったんですけど、直太朗さんはそのときの歌が印象に残っていたそうで、NHKの朝ドラで共演したときに「育三郎くん、自分の楽曲とか出さないの？」って聞いてくれて。そこで「そういうこともやってます」と言ったら、一緒に曲を作りたいね、という話になって「君に伝えたいこと」が生まれた。さらにイベントにも出ていただいて。

――それも山崎さんのMC力があってのことかもしれませんね。スタッフさんからも「山崎さんのゲストトークがどんどんうまくなっていて、相手が芸人さんでも誰でも盛り上がるようになった」と聞きました。

山崎　台本通りに進めることも大事なんですけど、ラジオではその場で生まれた化学反応、会話の過程で生まれるおもしろさを大事にしたいなとは思ってますね。話していて台本に目線が落ちると、その瞬間に積み上げた関係性が崩れちゃうんですよ。「あ、この人は俺に興味ないな」とかって。だからできるだけ目線を外したくない。そのあたりはラジオで学んだことかもしれません。

――なるほど。たくさんの方をゲストに迎えて、話す経験を積み重ねてきたことで磨かれた部分もあるんでしょうね。

山崎　でも、お芝居も同じで。台本に書いてあるセリフを覚えて芝居をしてるけど、その言葉の裏や、役の人物が考えていることを感じとっているうちに、セリフ以上の何かが生まれるんです。その瞬間が作れるかどうかを大切にしているところがあって。それもやっぱり、本人たちが楽しんでないと生まれないんですよね。

——ラジオでもお芝居でも、相手と向き合い、セッションすることで生まれるものがあると。

山崎　そうですね。言葉に意識を向けすぎず、気持ちで会話できるかどうか。それはラジオもお芝居も一緒だと思います。

——たしかに、番組ではゲストの方と気持ちで会話しているうちに、だんだんと打ち解けて盛り上がっていく様子が感じられることもあって、そこもドキュメントとしておもしろいなと感じます。

山崎　自分にとって興味のある方々なので、初対面でもガンガン質問しますし、自分から先に心を開いていくようにしてます。そのほうが相手も話しやすいと思うので。芸人さんが多いのも、僕がお笑い好きだから。音楽よりもお笑いに触れてきた時間のほうが長いんじゃないかっていうくらい、子どものころから大好きなんです。芸人さんへの憧れ、リスペクトはずっとありますね。

——「なんでこんなに芸人さんが多いんだろう?」と思ってました(笑)。

山崎　幼なじみの山崎軍団とも、中学3年間ずっとお笑いのことをしゃべってましたから。大喜利をしてみたり、どうやったら笑いが生まれるのか考えたり。今でも延々とふざけていたいという願望が自分にはありますし、笑えばなんでも乗り越えられると思っています。高校生のときに祖父母の介護をしながら学生生活を送っていたんですけど、山崎軍団が家に来てくれたときに僕がおじいちゃんのまねをして応対したりとか、笑いがあったから乗り越えられたところもあったので。

――芸人さんと話してみて印象的だったことはありますか？

山崎　その場で笑いが生まれる瞬間ですね。一瞬にして空気を変える、そのエネルギー、声の出し方、間の使い方は勉強になります。そんな芸人さんと通じ合えたときがいちばんうれしくて。「THIS IS IKU」に芸人さんが出てくださるときも、自分がもっとも楽しんでいると思います。ロバートの秋山（竜次）さんと一緒にネタをやってる僕を見て、キョトンとしたファンの方もいると思うんですよ。でも、ミュージカルだけやっていたら出せないような空気感、振り切り方を出せるのは、この番組やイベントがあるから。実は、中学生のころの自分に戻って、もっと地元の仲間とふざけてる感覚も出したいなと思ってるんですよ。だんだん中二に戻っていこうかなって（笑）。

――今後のテーマは、『中二』の自分も忘れない」とか。

山崎　そうですね。「プリンス」から「中二の育三郎」へ。やっぱりミュージカル界には常にきちんとしてなきゃいけないという空気感があって、ずっと正装の自分でやってきましたけど、本当は違う部分もある。そこがちょっとずつ出てきたところはありますね。

「THIS IS IKU」は出会いを形にできる場所

――番組ではさまざまな企画を実現していますが、山崎さんから発案されることも多いと聞いています。例えば、リスナーさんとリモートでセッションする「あつまれ音楽の森 育三郎のリモートミュージックショー」などは、どのようにして生まれたのでしょうか。

山崎　コロナ禍だったのもあって、リスナーさんの歌に合わせて演奏してみようかと、僕が言ったのかな。リモートだと時間差があるから、誰もできるとは思ってなかったんですけど、かなり無理やり合わせましたね。

――リスナーさんの歌をリモートで聞きながら、歌とピアノを合わせるのは大変そうです。

山崎　電話で歌う方は僕の演奏を聞かずほぼアカペラで歌ってもらうんです。こっちも相手の姿が見えないので、それに合わせるだけでも難しくて。さらに、こちらの演奏を向こうが聞いちゃうと、電話の特性上音がずれてくる。そこでリスナーさんの歌だけに集中しながら、なんとか合わせるという感じでしたね。セッションだけを聴いてる方は何をしてるかわからないと思うんですけど。

――オンエアだけ聴いていると、「すごいね」「よかったね」で終わってしまいそうですね。その裏側も見ることができたらいいのですが。コロナ禍という状況から生まれた企画ということで、何か感じるものはあったのでしょうか。

山崎　でも、ラジオはそういう状況には影響されない、変わらないエンタメだと思いました。もともと少人数でやっているし、音だけなので。ほかの仕事はすべて影響があったのに、ラジオだけは変わらずに動き続けられた。そこからこうした企画が生まれたし、逆に可能性が広がったというか、ラジオのすごさを改めて感じましたね。

――ラジオの変わらなさが強みになっていたんですね。逆に、番組を何年も続けていくことによって変化を感じることはありますか？　弾き語りも、もう１５０曲以上も歌われていますが。

山崎　弾き語りについては変わらないと思いますね。楽曲が違うのはもちろん、その楽曲を知ってるかどうか、その日のコンディションはどうか、といった違いもあるので、毎回新鮮な気持ちで歌っています。基本的に毎回ぶっつけ本番なので、ピアノを弾くことにもちょっとした緊張感があるんですよ。特に、アーティストの前でご本人の楽曲を演奏するときは、間違えられないじゃないですか。だから、慣れを感じたことは一度もないです。

――特に思い出深い楽曲、印象的なセッションなどはありますか？

山崎　やっぱりＣＨＥＭＩＳＴＲＹのおふたりと一緒に歌えたことですかね。おふたりがオーディション番組に出ていたころから見てましたし、学生時代は「育三郎＝ＣＨＥＭＩＳＴＲＹ」と友達に思われるくらい、ずっと歌ってましたから。でも、ＣＨＥＭＩＳＴＲＹさんに限らず。このラジオではこうした夢が叶えられた瞬間がたくさんありました。楽しみなのが、今度の「ＴＨＩＳ　ＩＳ　ＩＫＵ」には、とんねるずのノリさん（木梨憲武）が出てくださるんですよ。

――すごいですね!

山崎　歌番組で共演したときに、「今度、一緒に何かやろうよ!」と言ってくださって。僕も図々しいので、その場で連絡先を聞いて、自分から「今度イベントがあるんですけど、出てもらえませんか?」って連絡して。そしたら、「あ、いいよ!」みたいな。僕が小さいころからテレビのスターで、その活躍をずっと見てきたレジェンドとコラボできるなんて、夢のようです。

――番組やイベントは、出会いを形にできる、表現できる場所になってますよね。

山崎　そうですね。エンタメとして表現できる場所があるので、いろんな方と出会うたびに『THIS IS IKU』にどうかな?」ってイメージしちゃう。「THIS IS IKU」については自分の思い入れがないと意味がないので、ゲストはみんな「この人とやりたい」と僕が思った方々なんです。好きな人とやりたいことをお届けできる、贅沢な時間ですよね。

ラジオでは、自分のいろんな面を出していきたい

――ラジオ番組は、パーソナリティーとスタッフがチームとして結びついているように感じられますが、「チーム1936」について、山崎さんはどう思われているのでしょうか。

山崎　もう本当に温かくて。スタッフの皆さんが自分のやりたいことに対して寄り添ってくださるので、毎回すごくいい空気で番組をやらせてもらってます。それに、「紅白（歌合戦）に出ます」「朝

ドラに出ます」「ドラマで主演やります」と報告するたびに、すごく喜んでくれて。僕の変化や挑戦を見守ってくださって、僕の舞台も観にきてくださるので、皆さんを常にワクワクさせたいという気持ちはありますね。

――「この人たちに喜んでもらえるような仕事をしよう」と思いを新たにされている。

山崎　自分自身が変化や成長を続けないと、チームに「この人のために」と思える何かは生まれないと思うんですよね。だから、自分を更新することで、皆さんがワクワクして、モチベーションが上がるような存在でいたい。

――なかでも構成作家の天野（慎也）さんは、収録中もずっと向き合っている、パートナーみたいな存在かと思います。

山崎　そうですね。年齢は僕よりだいぶ先輩なんですけど、価値観が合うというか、多くを語らなくても理解してもらえるような関係性になってる気がしますね。ふたりきりでラジオブースという空間にいるといろいろ感じるものがあるんですけど、天野さんの持ってる空気感で安心できるところもあるんです。ニコニコしてると、「あ、今ので大丈夫なんだ」ってうれしくなる。一方で、わりとシビアな部分もあるから、歌ってるときに微妙に反応が違ったりする。そうした反応を見るのも楽しみなんですけど。

――番組やラジオについて、何かアドバイスされるようなこともあるんですか？

山崎　そういうのはあまりないかな。でも、僕のファンの方は本当に年齢層が広いので、そのことを理解して、幅広い世代に届くように企画を考えてくださいます。「中二の育三郎」がふざけすぎて置いていかれる人が出そうなときも、手綱を握ってくれるというか、バランスをちゃんと見てくれますね。

――その幅広いファン、リスナーについても伺いたいのですが、番組にとって欠かせない存在であるリスナーの方々と、どんな気持ちでやりとりしているのでしょうか。

山崎　ミュージカルでデビューしてから、出待ち対応とかお手紙とか、ファンの方との距離はすごく近かったんですけど、近年はコロナの影響もあったりして、そういう機会が減っていました。だから、ラジオが唯一の交流の場、皆さんがどんな思いでいるのかわかるし、自分のことも確認できる場所になってるんです。

――メールでは相談なども幅広く寄せられていますよね。思春期らしい悩みだったり、子育て世代からの相談だったり、毎回向き合うのも大変なんじゃないかと思います。

山崎　でも、相談に答えるときも、「自分だったらこうするな」という自分の意見でしかないんですよね。僕はわりとポジティブな性格で、何事も選択次第、自分次第だと思っているので、前向きな選択や解釈をすることが多くて。それをひとつの意見として受け止めてもらえたらいいなっていうぐらいで、大変だと思うことはないです。

――リスナーの方もそういうポジティブさを期待しているのかもしれませんね。あと、安易に答えを出さないというか、押し付けずに寄り添う姿勢もポイントなのかなと思いました。

山崎　そうですね。どんなことにも答えはないと思ってるんですよ。イエスかノーかに流されない強さというのもある気がしていて。まずは話を聞いて、受け止める。その気持ちが大事なんじゃないかと思います。

――山崎さんのラジオのスタイルとも言えそうです。山崎さんはパーソナリティーとしてご自身をどう見ているのでしょうか。初回の放送では、「本当はどういう人なの?」と聞かれることが多いので、ラジオで本当の自分を見つけたいとおっしゃっていました。

山崎　歳を重ねるうちに、力が抜けてきた感覚はありますね。「本当の自分」については、結局いろんな面を持っているんだなって、ラジオで再確認できました。仕事の自分、中2のような自分、父親としての自分、全部違うし、全部自分なんです。その全部を出せるのがラジオだから、そのときの自分に正直にいればいいし、何を出してもいいかなと思ってます。

――ラジオという場に関しては、今後の目標や展望というよりは、やっぱり常にそのときどきの自分を見せることを大事にされているんですね。

山崎　そうですね。目標を定めたりするとほかの仕事と変わらなくなってしまうので、別の場所にしておきたいという気持ちがあります。やっぱり人との出会いがすべてだと思っていて、自分だけでは何もできないから、人との出会いやそこから生まれたものから刺激を受けて、それを積み重ねていくしかない。そんな出会いや広がりが具現化される場所がラジオなので、これからもどんな人と出会えるのか楽しみなんです。

河本準一さんゲスト回の即興コント「いきなりステージ」がまさかの漫画化！

なつかしい…!!
ゆずになりたかったよねぇ
僕たちは!!
シャラアアン
急にどうしました!?
あと
そいつは
どこから
イタイ…
イタイ!!
……っ!?
準ちゃん、
今なんか言った?
どっか
ケガしてる
とか…
本当に
どうしたんです?
私…
あなたが
手にしてる
タンバリンよ
もしかして
僕の…
パートナーに
なって
くれるの!?
えっ…この…
タンバリンちゃん!?
そうよ、私
「担馬林《タンバーリン》」
まさかの
漢字
ええ…
捨てられた
私を拾ってくれたわ
私はあなたの
もの…

うれしいなァ…!!
私もうれしいっ
僕、昔タンバリンを叩いて歌ってたんだ!
先輩がだれかと交信を…!?
あっ…でも
馬林ちゃん、叩くと痛いって言ってたね
まあ、やさしいのね、大丈夫よ
いいのかな…
ちゃんと叩くと気持ちいいところがあるの
叩いてみて!
シャン
こうかい?
その角のまろみのあるところ
シャン
すべてまろんでるように美しいけれど
ちょっと違う
ここは?
シャン
そう、そこが正解気持ちいい…
よおし準ちゃん!!
歌おう!! 5年ぶりに!!
さあ手を
い…いいすけど
でも出社は

ご愛読ありがとうございました！　漫画「いきなりステージ」次回作にご期待ください！

写ルンですでちょっと撮影

1936のフォトダイアリー

1936's Photo Diary

「育三郎さんの日常を写ルンですで撮ってきてほしい！」というリスナーさんのご要望にお応えして、ドラマの現場を撮影！　ドラマ撮影の合間をどのように過ごしているのか、本人のコメントとともにちょっとだけご紹介します。

現場には毎回早朝に着くんですけど、まずコーヒーを作って飲むことから始まります

写ってるのは、ヒゲ剃りです。ヘアメイクさんいわく、有名俳優さんも使っているとか。安いのによく剃れるし、肌も傷つかなくて、ちょうどいいんです

テーブルの上にあるのは、撮影中のドラマ『リエゾン－こどものこころ診療所－』の台本です

ロケ現場は山の中にある診療所という設定で、その診療所の2階です。休憩室になっていて、台本を読んだりごはんを食べたりしています

ドラマの中でサンタさんの格好をするシーンがあったので、ついでに一枚

ケータリングトラックが温かいごはんを届けてくれることも多いです。この日は診療所の外でカレーを食べました

僕の役は発達障害を抱える医師なんですが、発達障害の当事者として現場で監修してくれているのが、一緒に写っているリョーハムさんなんです

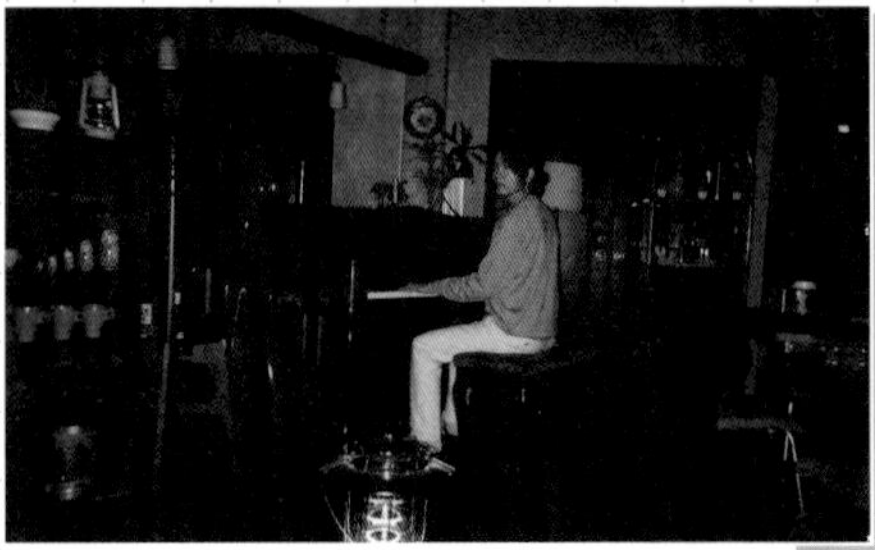

診療所の2階にはピアノが置いてあるので、休憩になるとピアノを弾いて遊んだりします

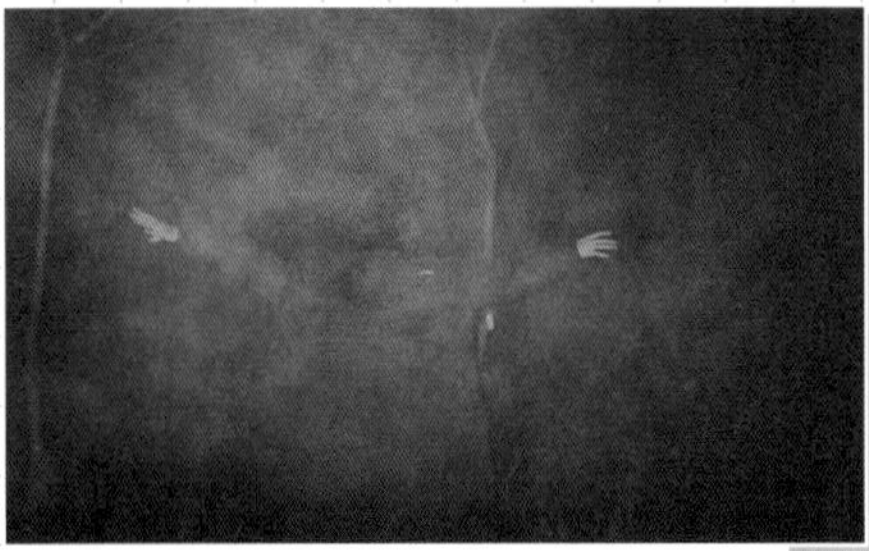

撮影は朝から晩まで続きます。これは夜になってなんとなく車の裏で撮った一枚ですね

撮影も終盤。もう完全に疲れ果ててます……（笑）

おまけはドラマの現場ではなく、ラジオブースの中から。これが、ラジオのときに僕がいつも見ている景色です。手前にいるのが天野さん

Backstage

RD-700NX

ONAIR

FM93 AM1242
ON AIR
RADIO STATION

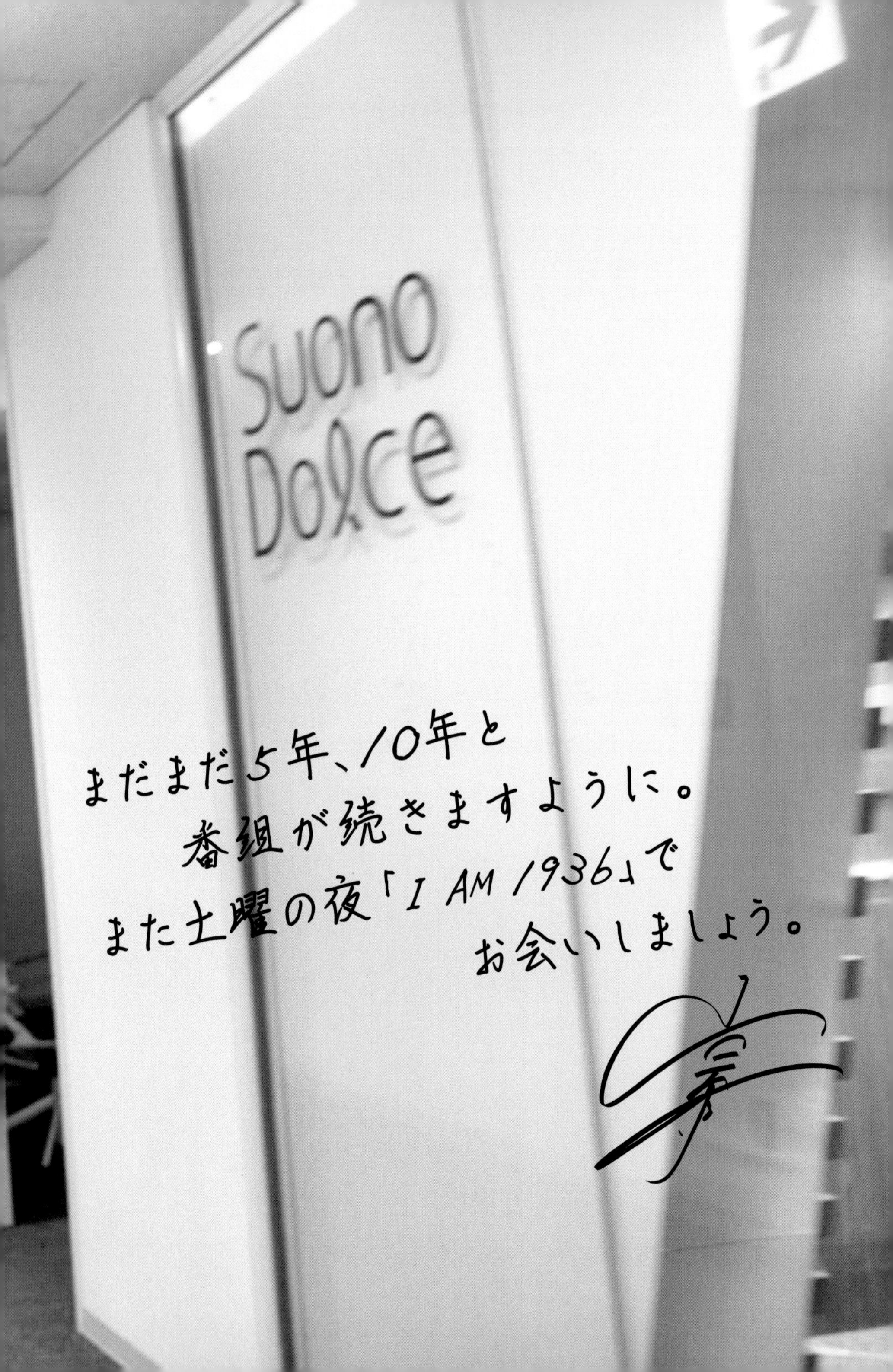

まだまだ5年、10年と
番組が続きますように。
また土曜の夜「I AM 1936」で
お会いしましょう。

I AM 1936

「山崎育三郎のI AM 1936」番組スタッフ

プロデューサー	竹崎雄一郎（ニッポン放送） 松川哲也（ニッポン放送）
ディレクター	米田賢治（SOL）
構成	天野慎也
アシスタントディレクター	下川すなお（SOL）
企画	吉岡大亮（ニッポン放送）
撮影	宮崎健太郎
衣装	百瀬 豪
衣装協力	pullman boutique
ヘアメイク	松原美穂（Nestation）
編集	後藤亮平（BLOCKBUSTER） 佐藤弘和（扶桑社）
編集協力	梅山織愛 菅原史稀 遠藤まり子（BLOCKBUSTER）
デザイン	菅原 慧（NO DESIGN） 小川順子（NO DESIGN）
校正・校閲	小西義之
アーティストマネージメント	辻村佳代子（研音） 保苅貴史（研音） 藤野香央里（研音）

発行日 2023年2月24日 初版第1刷発行

著者 山崎育三郎

発行者 檜原麻希

発行 株式会社 ニッポン放送
〒100-8439 東京都千代田区有楽町1-9-3

発売 株式会社 扶桑社
〒105-8070 東京都港区芝浦1-1-1 浜松町ビルディング
電話 03-6368-8870（編集）
03-6368-8891（郵便室）
www.fusosha.co.jp

印刷・製本 株式会社 大日本印刷株式会社

Printed in Japan ISBN978-4-594-09386-0